ÉTUDES

SUR LES

IRRIGATIONS DE LA CAMPINE

ET LES TRAVAUX ANALOGUES

DE LA SOLOGNE

ET D'AUTRES PARTIES DE LA FRANCE

Imprimerie de Gustave Gratiot, rue de la Monnaie, 11.

ÉTUDES

SUR LES

IRRIGATIONS DE LA CAMPINE

ET LES TRAVAUX ANALOGUES

DE LA SOLOGNE

ET D'AUTRES PARTIES DE LA FRANCE

PAR

HERVÉ MANGON

Ingénieur des ponts-et-chaussées.

PARIS

LIBRAIRIE SCIENTIFIQUE-INDUSTRIELLE

DE L. MATHIAS (AUGUSTIN)

QUAI MALAQUAIS, 15

JUIN 1850

ÉTUDES

SUR LES

IRRIGATIONS DE LA CAMPINE

et les travaux analogues

DE LA SOLOGNE

ET D'AUTRES PARTIES DE LA FRANCE.

Tout le monde se plaît à proclamer aujourd'hui l'importance de l'agriculture, et la nécessité de favoriser son développement et d'augmenter la masse de ses produits. En présence du chiffre de nos importations et de l'accroissement continuel de la population, tous les hommes éclairés reconnaissent que le problème de l'alimentation est l'un des plus urgents et des plus importants à résoudre. Mais si le but à atteindre n'est pour personne l'objet d'un doute ou d'une contestation, il n'en est pas de même des moyens proposés pour y arriver.

Les auteurs des différents projets relatifs aux améliorations agricoles, placés chacun à un point de vue spécial, frappés seulement d'un certain ordre d'inconvénients existants ou de certaines améliorations à réaliser, accordent en général, à leurs procédés, une confiance tellement absolue qu'elle suffit souvent seule pour les rendre suspects aux yeux des hommes de pratique et d'expérience.

Tous les systèmes, toutes les idées, toutes les inventions trouvent des défenseurs passionnés et exclusifs. La réforme hypothécaire, les institutions spéciales de crédit, l'extension des procédés d'assurances, mutuelles ou autres, l'organisation, sur une large échelle, de l'enseignement agricole, l'exécution de grands travaux publics, l'emploi de tel ou tel procédé spécial de culture ou d'exploitation, sont autant de moyens présentés tour à tour comme la seule et véritable voie du progrès; et chacun, persuadé de la justesse de ses convictions, n'accuse de la misère qui afflige la plupart de nos campagnes que l'indifférence qui accueille ses idées personnelles.

Pour notre compte, nous ne croyons pas aux remèdes héroïques, si l'on peut s'exprimer ainsi. Toute solution exclusive, quelque séduisante qu'elle soit, d'un problème aussi complexe que celui de l'amélioration agricole, problème qui se rattache à tous les intérêts sociaux, nous paraît impossible; nous le déclarons ici formellement, pour qu'on ne se méprenne pas sur le sens véritable des éloges que nous donnerons plus loin à certaines mesures prises par l'administration belge. Mais, si nous n'adoptons exclusivement aucune idée particuliere, nous sommes loin de rejeter systématiquement tout espoir de progrès. Les propositions sérieuses faites dans l'intérêt de l'agriculture méritent, à notre avis, un examen attentif; presque toutes pourraient donner lieu à d'utiles applications. Elles présentent entre elles des rapports plus intimes qu'une étude isolée et superficielle ne pourrait le faire croire, et les diverses propositions qui occupent aujourd'hui l'opinion publique, convenablement conciliées et coordonnées entre elles, pourraient sans aucun doute assurer la réalisation de nombreuses et véritables améliorations.

L'exécution des routes, des canaux, des grands travaux d'irrigation ou de dessèchement, permet à l'État d'exercer sur le bien-être des campagnes une action puissante dont l'expérience a souvent permis d'apprécier les résultats. Les travaux publics appliqués aux besoins agricoles, d'une manière plus directe et plus générale qu'on ne l'a fait jusqu'à présent, se placent au premier rang des moyens propres à favoriser le perfectionnement de nos cultures, et c'est avec raison que les entreprises de cette espèce sont considérées maintenant comme la source la plus certaine de la prospérité nationale.

Mais aussitôt qu'il s'agit d'entrer dans l'application de cet ordre d'idées, les difficultés se présentent et les discussions s'engagent avec chaleur. Quels sont les ouvrages les plus urgents ou les plus utiles? Quelle marche convient-il de suivre dans leur exécution ? Jusqu'où le gouvernement devra-t-il aller? Quelles seront, dans chaque cas particulier, les limites de son intervention?

Sans prétendre aborder ici ces questions délicates, nous voulons seulement faire connaître les résultats authentiques obtenus par une nation voisine, de l'emploi de procédés spéciaux et de dispositions législatives qui nous paraissent immédiatement applicables à quelques parties de la France. Ces faits nous ont d'autant plus frappé, qu'ils confirment en grande partie les opinions que nous avons émises sommairement en 1848 et en 1849 au sujet de la Sologne, et les idées que nous avions, du reste, depuis longtemps sur l'amélioration de plusieurs autres contrées.

Les opérations entreprises en Campine par le gouvernement belge nous paraissent remarquables sous deux rapports différents. D'un côté, les résultats obtenus sont dignes, par eux-mêmes, d'un véritable intérêt : quelques travaux habilement dirigés ont suffi pour rendre six ou sept fois plus considérable qu'elle ne l'était la valeur de plusieurs milliers d'hectares de terrains, et pour assurer dans un avenir prochain une production annuelle de denrées d'une valeur au moins double de la totalité des dépenses faites par l'État. D'un autre côté, le système financier suivi pour atteindre ces résultats mérite de fixer l'attention d'une manière toute particulière : il consiste à faire rentrer chaque année dans les caisses de l'État les dépenses faites dans la campagne précédente, ce qui permet d'entreprendre de nouveaux travaux, sans nouveaux sacrifices de la part du Trésor. Les sommes consacrées aux travaux dont il s'agit constituent par conséquent un véritable fonds de roulement, au moyen duquel on peut exécuter successivement une quantité pour ainsi dire illimitée de travaux utiles. Ce fonds de roulement n'est employé qu'à l'exécution des travaux préparatoires à l'irrigation. Toutes les autres dépenses sont laissées à la charge des particuliers ; de sorte que la première avance faite par l'État détermine l'exécution progressive de travaux très considérables, qui ne grèvent en rien le trésor public, et répandent, dans la classe ouvrière des campagnes, des sommes énormes qui en seraient toujours restées éloignées sans la bienfaisante initiative du gouvernement.

Nous avons cru qu'il serait utile de faire connaître les dispositions législatives et les moyens pratiques employés pour obtenir des résultats aussi remarquables que ceux que nous venons de signaler, et d'indiquer, en même temps, un exemple d'application immédiate en France de procédés analogues. Notre travail a dû se partager dès lors en trois parties.

Dans la première, nous nous plaçons au point de vue administratif; nous étudions l'esprit général des projets successivement présentés pour l'amélioration de la Campine, les dispositions législatives qui règlent l'exécution des travaux, enfin les résultats obtenus et ceux que l'avenir permet d'espérer.

Dans la seconde, nous décrivons, au point de vue technique et agricole, les travaux de canalisation et d'irrigation, en indiquant avec soin les prix de chaque nature d'ouvrage.

Enfin, dans la troisième partie, nous indiquons l'ensemble des travaux d'amélioration de la Sologne, comme exemple d'application, en France, de travaux analogues à ceux de la Campine.

Un mot encore : le sujet qui nous occupe exigerait, pour être convenablement traité, plusieurs volumes de développements, dans lesquels des obstacles matériels, qu'il est inutile de faire connaître, ne nous ont pas permis d'entrer. Nous avons dû nous borner à indiquer les faits, à poser les questions; notre travail actuel ne forme que le programme abrégé d'études plus étendues.

PREMIÈRE PARTIE.

Position géographique de la Campine. — Projets divers de canalisation et d'améliorations agricoles. — Lois de finances et autres en vertu desquelles les travaux s'exécutent aujourd'hui. — Résultats obtenus. — Colonies agricoles.

La Campine fait aujourd'hui partie des provinces d'Anvers et du Limbourg ; comprise entre la Meuse et l'Escaut, dans l'un des points où ces deux fleuves sont le plus rapprochés, elle est bornée au nord par la frontière hollandaise, et au sud par la Dyle et le Demer (voyez planche 1).

Cette position géographique et un sol peu accidenté, qui font de la Campine le point de passage obligé de toute ligne navigable destinée à relier le plus directement possible les bassins de l'Escaut, de la Meuse et du Rhin, ont naturellement appelé de tout temps, sur cette vaste contrée, l'attention des divers pouvoirs qui ont successivement administré la Belgique. Mais à l'intérêt commercial que présentait l'ouverture de cette grande voie de communication se rattachait, dans ces derniers temps, la solution d'un problème plus sérieux encore, s'il est possible, pour l'avenir de la Belgique.

La Campine renferme, en effet, cent cinquante à deux cent mille hectares de terrains improductifs, et ne contenait en 1840 que 225,000 habitants; il ne s'agissait donc pas seulement d'enlever à la Hollande le monopole du commerce de l'Allemagne et d'une partie de la Prusse, d'assurer l'approvisionnement d'Anvers en bois et autres matériaux de construction, il fallait encore fertiliser une immense contrée, créer un nouveau pays de Waës, et accroître ainsi notablement la production agricole, dont l'insuffisance est démontrée chaque jour par la misère affreuse qui désole les Flandres et quelques autres parties de la Belgique.

Le gouvernement a compris l'importance de ce double problème et a courageusement entrepris de le résoudre. La première partie de sa tâche peut être considérée comme accomplie; l'Escaut communique maintenant avec la Meuse et le Rhin, et, par suite, avec la Méditerranée par le canal du Rhône au Rhin. Quant aux améliorations agricoles, les résultats obtenus dès à présent ne permettent plus de douter que les faits dépasseront de beaucoup les espérances qu'il était possible de concevoir. Les travaux de la Campine sont un des exemples les plus remarquables des heureux résultats de l'application directe des travaux publics à l'agriculture; nous les étudierons principalement sous ce dernier rapport.

L'idée d'améliorer la Campine par l'ouverture de canaux de navigation remonte à une époque fort reculée. Bien que, dans les anciens projets, on se soit surtout attaché au point de vue commercial et que l'amélioration agricole du pays n'ait été pour leurs auteurs qu'un but secondaire, nous croyons utile d'indiquer rapidement les différents projets successivement présentés. Cette étude nous conduira naturellement à l'examen de ce qui se fait aujourd'hui. Elle aura d'ailleurs l'avantage de montrer la merveilleuse facilité avec laquelle les voies navigables se prêtent aux améliorations agricoles, et d'offrir un nouvel exemple des phases nombreuses et des transformations successives que toute grande idée semble devoir fatalement traverser, avant d'arriver à maturité et de recevoir son exécution.

Le premier projet qui paraisse avoir reçu un commencement d'exécution [1] remonte à l'année 1626. La séparation des provinces septentrionales fit sentir la nécessité d'une communication directe et libre entre l'Escaut, la Meuse et le Rhin supérieur. L'infante Isabelle-Eugénie, fille de Philippe II, fit commencer un canal projeté par Vanlangren. Ce canal devait traverser la Meuse à Venloo et réunir les trois fleuves que nous venons de nommer. Les Hollandais s'oppo-

[1] *Des voies navigables en Belgique*, par J.-B. Vifquain.

serent par la force à l'achèvement de ce grand ouvrage, dont quelques vestiges, encore existants, portent le nom de Fosse Eugénienne. Les travaux furent définivement abandonnés en 1628, à la suite de la paix de Westphalie qui rendait à la Hollande les deux extrémités de la ligne.

Pendant une longue période, la Belgique asservie ne put songer à défendre ses intérêts. Mais à peine la République française fut-elle devenue maîtresse de ce pays par le traité de La Haye, du 10 mai 1795, qu'elle contraignit la Hollande à rendre libre la navigation de l'Escaut, fermée depuis cent quarante-six années.

La réunion des provinces belges et des provinces rhénanes sous la même autorité fit comprendre aux hommes qui se préoccupaient des intérêts de la Belgique, aux commerçants de Bruxelles, d'Anvers et de Maëstricht, que le temps était enfin venu de réunir le Rhin à l'Escaut. Un avant-projet, rédigé dans ce sens par M. Alis Desgranges, fut présenté au Premier Consul lors de son passage à Bruxelles en 1803. Quelques jours après, des arrêtés des Consuls, en date des 5 et 11 thermidor an XI (juillet 1803), chargeaient M. Delbergue Cormont des études de la partie de la ligne comprise entre la Meuse et l'Escaut, et M. Hageau des études relatives à la jonction de la Meuse et du Rhin.

Les projets de M. Hageau furent approuvés en février 1806. Ils consistaient dans l'exécution d'un canal partant du Rhin près de l'embouchure de l'Erft, près de la ville de Neuss et débouchant dans la Meuse à Venloo. Ce tracé formait une ligne oblique de défense que l'on ne pouvait tourner qu'en remontant jusqu'à Neuss. Le comité des fortifications lui donna son plein assentiment. On trouve tous les détails relatifs à ce grand travail dans l'ouvrage de M. Hageau [1].

Quant à la partie du canal de jonction comprise entre la Meuse et l'Escaut, divers projets furent rédigés. On avait pensé d'abord à construire un canal à point de partage, alimenté par les eaux du ruisseau le Jaar, prises à peu de distance de Tongres, et descendant d'une part à Maëstricht, et de l'autre à l'Escaut par les vallées de la Dyle et du Rupel; mais les difficultés d'exécution, l'incertitude de l'alimentation et l'insuffisance du tirant d'eau de la Meuse firent promptement abandonner cette direction.

Les jaugeages exécutés et les nivellements entrepris en Campine firent bientôt arriver au projet qui a servi de base aux travaux actuellement exécutés. On reconnut que le canal devait être alimenté par les eaux de la Meuse, prises aux environs de Maëstricht, et que le bief de partage devait se diriger de Loosen à la

[1] *Description du canal de jonction de la Meuse au Rhin*, projeté et exécuté par A. Hageau, inspecteur divisionnaire des ponts-et-chaussées. Paris, 1819.

Pierre-Bleue en longeant les plateaux de Lille-Saint-Hubert, Neerpelt et Lomnel ; qu'on descendrait de la Pierre-Bleue à l'Escaut en passant par Herenthals, et enfin de Loosen à la Meuse, à Venloo, où on retrouverait le canal de la Meuse au Rhin. La longueur totale de cette ligne était de 48,567 mètres. Le canal devait avoir 13 mètres au plafond et 2^m,60 de tirant d'eau, afin de pouvoir admettre les bateaux du Rhin de deuxième classe, chargés de 200 tonneaux.

Le génie militaire s'étant opposé à ce que la prise d'eau de la rigole d'alimentation fût établie à Maëstricht même, on fut obligé de la placer à 3,750 mètres en aval de cette ville, à Hoght. La rigole d'alimentation passait par Neerharem, Tongerloo, et rejoignait le canal à Bocholt. Elle devait servir aussi comme canal de petite navigation, et avait 5^m,50 au plafond, 1,60 de tirant d'eau, et une pente totale de 1^m,50 sur 41,518 mètres de longueur.

En 1808, les travaux étaient entamés sur toute la ligne. En 1809, la rigole d'alimentation était presque terminée et deux alignements du canal, présentant ensemble une longueur de 11,722 mètres, étaient exécutés. Entre la Meuse et le Rhin, on travaillait encore plus activement; mais la Hollande venait d'être réunie à la France, et son influence provoqua un décret impérial du 10 mai 1810, qui suspendit les travaux. On ne s'occupa plus que de la partie du canal comprise entre la Meuse et le Rhin, et de la rigole d'alimentation.

Le roi Guillaume, en 1823, fit prolonger jusqu'à Bois-le-Duc la rigole d'alimentation ; elle présente aujourd'hui, grâce aux travaux exécutés à cette époque, 2^m,10 de tirant d'eau sur les buses des écluses, et se prolonge, par un nouveau bief, de Bocholt jusqu'à Maëstricht, où se trouve une écluse d'embouchure en Meuse et le bassin de chargement qui termine le canal latéral à la Meuse, de Liége à Maëstricht, presque entièrement terminé aujourd'hui.

Le gouvernement hollandais, en 1828, fit reprendre, avec un esprit d'impartialité dont on doit lui tenir compte, les études de la jonction de la Meuse à l'Escaut ; mais cette tentative ne fut suivie d'aucun résultat, et la question de la ligne qui nous occupe resta suspendue pendant cinq ou six années. Nous arrivons par conséquent à l'époque où les intérêts agricoles commencèrent à être pris en sérieuse considération et à laquelle remonte l'origine véritable des travaux dont nous avons à parler.

Lorsqu'en 1832 on s'occupa d'introduire en Belgique les chemins de fer à vapeur, on pensa d'abord à relier la Meuse à l'Escaut par une voie de fer traversant la Campine. L'exécution de ce projet eût à jamais fait perdre à cette vaste contrée tout espoir d'un canal d'irrigation et de navigation. Mais on ne tarda pas à reconnaître que le réseau des chemins de fer belges devait avoir un but plus général, qu'il devait vivifier tout le commerce national en assurant le transit d'Anvers au Rhin par Malines, Louvain et Verviers, en se rattachant en même temps à Bruxelles et à Ostende.

La ligne navigable directe d'Anvers à la Meuse, par l'adoption de ce tracé de chemin de fer, perdait une partie de son importance commerciale; son exécution devait dès lors, pour mériter d'être prise en considération servir à l'agriculture comme moyen d'irrigation et de fertilisation des landes de la Campine.

MM. Teichman et Masui, frappés des résultats obtenus par quelques propriétaires en utilisant les eaux dont ils pouvaient disposer, se placèrent exclusivement au point de vue des irrigations et posèrent de la manière suivante, dans leur rapport du 11 novembre 1835, les conditions du problème à résoudre :

« Soutenir les eaux le plus longtemps et le plus « haut possible sur les arêtes culminantes qui sépa« rent les vallées, afin de pouvoir les répandre latéra« lement sur les différents versants. — Ne pas s'atta« cher à réduire les longueurs de parcours. — Faire « usage de batelets d'un faible tonnage pour que « chaque cultivateur puisse, avec le secours d'un « aide, traîner les engrais vers les champs et les ré« coltes vers les marchés. »

Le projet de ces messieurs consistait essentiellement

en un canal se dirigeant de Bocholt à la Pierre-Bleue, et se partageant, au-delà de ce point, en deux branches, contournant le bassin des Néthes et se dirigeant, l'une vers le Demer à Hasselt, et l'autre rejoignant l'Escaut à Anvers. Les intérêts commerciaux étaient complétement oubliés, et les sacrifices déjà faits pour établir une grande navigation dans la Néthe et le petit Shyn devenaient à peu près inutiles. De nouvelles études étaient donc encore nécessaires pour coordonner les documents recueillis depuis si longtemps et pour concilier les intérêts commerciaux et ceux de l'agriculture.

Par un arrêté du ministre des travaux publics, en date du 24 octobre 1838, M. Kümmer, dont le nom est désormais inséparable de celui de la Campine, fut en effet chargé d'un vaste travail ayant pour but d'étudier et de coordonner, au double point de vue de l'irrigation et de la jonction de la Meuse à l'Escaut, les principaux projets présentés antérieurement à cette époque.

Le 18 janvier 1840 M. Kümmer adressa au ministre un rapport étendu indiquant l'ensemble des travaux à exécuter, le tracé des canaux, leurs principales dimensions, et enfin l'esprit des dispositions à adopter pour réaliser ce vaste ensemble d'améliorations.

Les projets du canal de jonction de la Meuse à l'Escaut furent terminés le 18 septembre 1840. Cette artère principale du système des canaux de la Campine, maintenant complétement achevée, présente dans toute son étendue la section des canaux de grande navigation et se dirige aussi directement que possible de Bocholt à Hérenthals où elle rejoint la Nèthe canalisée. L'embranchement vers Turnhout est également terminé.

L'ensemble des canaux d'irrigation et de navigation de la Campine belge est aujourd'hui complétement étudié. Il forme un réseau parfait, dont l'exécution successive complétera le système des améliorations de cette contrée, si heureusement commencées par l'exécution du canal de la Meuse à l'Escaut. Les principales lignes de ce réseau restant à exécuter sont le prolongement direct du canal principal de Hérenthals vers Anvers, le prolongement de l'embranchement de Turnhout, le canal de la Pierre-Bleue à Hasselt, quelques autres rigoles d'irrigation de moindre importance, et enfin quelques canalisations de petits cours d'eau naturels.

Telles ont été, en résumé, les phases successives par lesquelles ont passé les études de la grande question des canaux de la Campine. Nous devons examiner maintenant les dispositions législatives qui ont permis d'exécuter les travaux et de réaliser des améliorations agricoles d'autant plus difficiles à obtenir qu'elles touchaient à la fois aux intérêts généraux et aux intérêts privés les plus ombrageux. L'importance de quelques-unes de ces lois, qui résolvent des difficultés qui ne sauraient tarder à se présenter en France, nous fera pardonner l'étendue des développements que leur étude exigera.

Les efforts du gouvernement pour favoriser le défrichement et accroître l'étendue des terres cultivées remontent fort loin dans l'histoire de la Belgique. Déjà Marie-Thérèse, par une ordonnance du 25 juin 1772[1], prescrivait l'aliénation des terrains incultes au prix d'estimation, en attachant aux défrichements des priviléges et des exemptions d'impôts. Deux années plus tard, ce système fut abandonné et remplacé par le partage des terres en friche entre les chefs de famille. Ces diverses tentatives, comme celles qui les avaient précédées ou qui les suivirent, restèrent à peu près sans résultat; car les mesures purement législatives n'exercent, en général, qu'une bien lente influence sur l'état agricole d'un pays. Les progrès rapides ne peuvent être réalisés que par des encouragements matériels, par la création de moyens nouveaux d'exploitation et de culture, et les seuls travaux de la Campine ont été plus utiles au développement de l'agriculture belge que toutes les ordonnances des divers pouvoirs qui ont précédé le gouvernement actuel.

[1] J.-B. Bivort, *Essai sur le défrichement des terres incultes de la Belgique.*

La première loi relative aux travaux actuels de la Campine est du 29 septembre 1842. Cette loi autorisait le gouvernement à effectuer un emprunt de 29,250,000 fr., applicable aux travaux publics, et allouait, sur cette somme, un crédit de 1,750,000 fr. pour commencer la première section du canal de la Meuse à l'Escaut. Elle posait d'ailleurs le principe de la participation des riverains intéressés aux dépenses des travaux. Mais il restait à préciser le mode de cette participation qui fut réglé par la loi sur la canalisation de la Campine, du 10 février 1843. L'importance de ce document nous oblige à le reproduire ici textuellement :

« Art. 1er. Le canal à creuser pour la jonction du « Rupel au canal de Bois-le-Duc se composera de deux « sections, savoir :

« Première section, de Bocholt à la Pierre-Bleue;

« Deuxième section, de la Pierre-Bleue à Hérenthals.

« Art. 2. Les propriétés communales ou privées si-« tuées de part et d'autre du canal, sur une profondeur « de 5,000 mètres, seront appelées à concourir aux « frais de son établissement.

« Art. 3. Ce concours consistera dans le rembourse-« ment d'une part des frais d'établissement du canal, « et ce au moyen d'annuités à payer pendant vingt-« cinq années consécutives.

« Art. 4. Les annuités à payer seront calculées d'a-« près les bases suivantes ; les propriétés assujetties au « concours étant réparties, à partir du franc-bord du « canal, en cinq zones, chacune de 1,000 mètres de « profondeur,

				fr.	c.
« Pour les propriétés de la	1re	zone,	par hectare,	2	00
—	2e	—	—	1	40
—	3e	—	—	1	00
—	4e	—	—	0	60
—	5e	—	—	0	40

« Art. 5. L'annuité sera due par les propriétaires « riverains de chaque section à partir du jour où la « section aura été livrée à la navigation ; elle sera « recouvrable par les mêmes moyens que les contri-« butions directes.

« Art. 6. Elle sera rachetable par 100 fr. de capital, « par 7 fr. 10 c. d'annuité.

« En cas de rachat, les débiteurs de l'annuité (com-« munes ou particuliers) auront l'option de s'acquitter « soit par un payement en numéraire, soit par la cession « de partie de leurs propriétés jusqu'à due concurrence « et aux prix suivants :

« Propriétés de la	1re	zone,	par hectare,	130 fr.
« —	2e	—	—	100
« —	3e	—	—	80
« —	4e	—	—	60
« —	5e	—	—	50

« L'article 23 de la loi du 16 septembre 1807 sera « applicable aux propriétés qui seront grevées d'hypo- « thèques.

« Le gouvernement est autorisé à vendre aux enchè- « res publiques, et d'après le mode à régler par lui, les « propriétés qui lui auront été cédées en vertu du pré- « sent article.

« Art. 7. Le gouvernement prendra les mesures « d'exécution et arrêtera toutes les dispositions régle- « mentaires dont la nécessité sera reconnue pour l'exé- « cution des articles qui précèdent. Il pourra, dans « des cas exceptionnels, accorder les modérations qui « lui paraîtront équitables. »

Cette loi donna lieu, comme on devait s'y attendre, à de vifs débats parlementaires dignes de la plus sérieuse attention, et que nous regrettons de ne pouvoir, faute d'espace, analyser ici d'une manière complète. M. Huveners lutta énergiquement contre le principe de la participation des riverains à l'exécution des travaux ; mais la loi fut défendue avec force et talent par le rapporteur, M. Cogels, qui résumait ainsi les avantages que le pays devait retirer des dispositions de la nouvelle loi : « Vous rendrez à la culture, disait- » il, cent cinquante mille hectares, vous créerez un » nouveau pays de Waës, et vous assurerez le bien- » être de 200,000 habitants. »

M. Lys, autre défenseur du projet, démontra que les communes qui possédaient 16,045 hectares de terrains incultes, qui ne pouvaient pas, en moyenne, être estimés plus de 30 fr. par hectare, et qui représentaient par conséquent une valeur de 481,350 fr., seraient amenées à faire l'abandon de 2,823 hectares de bruyères, et que les 13,222 hectares, qui leur resteraient, acquerraient une valeur telle qu'elles représenteraient une somme de plus de 1,322,200 francs, prévision qui depuis a été de beaucoup dépassée.

Le crédit de 1,750,000 fr., ouvert par la loi du 29 septembre 1842, avait permis de terminer, en juin 1844, la première section du canal de la Campine. Cette première section fut officiellement ouverte le 22 août de la même année. Un arrêté du 17 du même mois avait provisoirement fixé à 05 c. pour le foin et à 10 c. pour les matériaux de construction, par tonneau et par 5 kilomètres parcourus, le tarif du canal.

La seconde section, de 29,650 mètres de développement, était évaluée 2,220,000 fr. Le gouvernement demanda aux Chambres un crédit de 1,110,000 fr. pour commencer immédiatement ce nouveau travail. Ce crédit, voté pour l'exercice 1844, dans la séance du 20 juin, fut ouvert par la loi du 24 juillet 1844, et l'adjudication des travaux eut lieu le 14 août de la même année. Une loi du 24 septembre 1845 ouvrit un crédit de 950,000 fr. pour continuer les travaux de la seconde section, et enfin la loi du 18 juillet 1846 accorda 200,000 fr., nécessaires pour leur entier achèvement.

L'embranchement de Turnhout s'exécutait en même temps, au moyen des ressources créées par la loi du 6 avril 1845, qui accordait un crédit de 1,040,000 fr. pour l'exécution de cet utile annexe de la ligne principale.

La Belgique, à l'aide des dépenses que l'on vient d'indiquer, montant ensemble à la somme de 5,050,000 fr., en partie recouvrable, d'après la loi du 10 février 1843, est ainsi parvenue, dans le court intervalle de quatre années, à créer sur son territoire 82,384 mètres de canaux navigables, formant le complément de la grande ligne de la Meuse au Rhin, et pouvant fertiliser la plus grande partie de deux provinces importantes. Mais l'intervention du gouvernement ne devait pas s'arrêter à ces premiers résultats : il lui restait à favoriser la rapide application des eaux à l'agriculture, et à compléter son œuvre en intervenant d'une manière encore plus directe dans l'exécution des défrichements et des entreprises d'irrigation. De nouvelles mesures étaient nécessaires pour atteindre ce but ; nous les ferons connaître avec détails, car nous trouverons, dans la marche suivie par le gouvernement belge, pour favoriser les défrichements et le développement de l'agriculture en général, des exemples faciles à appliquer en France, et dont l'expérience a maintenant démontré la valeur.

La première section du canal de la Campine était à peine achevée que M. Kümmer s'occupait d'en utiliser les eaux et proposait au ministre des travaux publics, dans un rapport du 13 décembre 1844, l'exécution d'un système d'irrigations propres à transformer en prairies les zones de bruyères que les communes consentiraient à céder.

Dans le système proposé par M. Kümmer, l'État devait exécuter, sur les terrains mis à sa disposition, les travaux *préparatoires* à l'irrigation, c'est-à-dire les chemins d'exploitation et les rigoles principales d'irrigation ou de desséchement, et prélever ensuite, sur le prix de vente des terrains ainsi préparés, le montant des avances faites pour les travaux, la mise en culture et l'exploitation devant rester complétement à la charge des acquéreurs des terrains.

Le gouvernement et les Chambres donnèrent leur approbation aux projets de M. Kümmer, et une loi du 24 septembre 1845 ouvrit, pour les travaux d'améliorations agricoles, un crédit considérable sur lequel on préleva plus tard les sommes nécessaires pour l'exécution des travaux préparatoires sur 446 hectares de bruyères, mis à la disposition de l'État par les communes de Neerpelt, Overpelt, Moll, Baëlen et Deschell.

Ces premiers travaux furent plusieurs fois entravés par la défiance de certaines communes et par les décisions contradictoires de leurs conseils municipaux, qui refusaient de livrer les terrains qu'ils avaient d'abord promis. Mais enfin, grâce à l'influence éclairée des autorités locales, les obstacles disparurent, et l'adjudication des travaux préparatoires, comprenant l'établissement des chemins et des rigoles principales, put avoir lieu le 10 février 1846. Une décision ministérielle du 5 mai suivant accorda, pour l'exécution de ces travaux, sur les ressources créées par la loi du 24 septembre 1845, un premier crédit de 47,400 fr., qui fut plus tard augmenté d'une somme de six mille et quelques cents francs. Tel fut le point de départ des essais si heureusement conduits, auxquels on doit, en Belgique, le système d'améliorations dont le succès rapide se trouve aujourd'hui complétement assuré.

Le gouvernement n'hésita plus à proposer les mesures nécessaires pour généraliser l'application des nouveaux procédés de défrichement, dont les avantages étaient ainsi parfaitement démontrés. Mais la législation belge ne lui donnait pas les pouvoirs nécessaires pour surmonter les obstacles que l'ignorance et certains préjugés difficiles à déraciner dans les campagnes pouvaient encore opposer à l'exécution de ses desseins. La loi sur les défrichements, du

27 mars 1847, en faisant disparaître cette lacune, a permis d'éluder ces difficultés.

Nous indiquerons seulement ici les principes consacrés par cette loi et ses dispositions les plus importantes, nous réservant de discuter ailleurs, avec tous les développements nécessaires, les questions qu'elle soulève et les modifications dont elle serait susceptible.

La Chambre des représentants a consacré plus de quinze séances à la loi sur les défrichements, dont la discussion a donné lieu aux débats les plus animés et les plus intéressants. Les députés de l'Ardenne, où il existe d'immenses étendues de terres incultes, dont la jouissance a lieu en commun, se sont surtout fait remarquer par la vivacité de leur opposition systématique.

La Belgique importe chaque année des quantités considérables de céréales et de bestiaux. Elle renferme cependant de nombreux biens communaux incultes et presque sans valeur servant de vaine pâture et produisant à peine quelques maigres bruyères. Un projet de loi, destiné à favoriser les travaux de défrichement et la conversion de landes arides en prairies magnifiques, semblait donc ne devoir rencontrer aucune opposition ; il souleva cependant les objections les plus diverses et donna lieu aux reproches les plus passionnés. Suivant les uns, le principe de la loi était contraire au texte même de la constitution belge; d'autres y voyaient le mépris du droit de propriété et une tendance vers les doctrines nouvelles qui faisaient leur effroi. Certains orateurs reprochaient à la loi d'être sans utilité; d'autres députés enfin prétendaient que, bien loin de favoriser l'agriculture, elle porterait à ses intérêts le coup le plus funeste.

Nous ne prétendons pas défendre la loi dont il s'agit d'une manière absolue. Elle pose, à notre avis, un principe incontestable, le droit de l'État de rendre le défrichement obligatoire; malheureusement elle ne déduit pas de ce principe toutes les conséquences et ne donne pas à ses applications toute la généralité désirables. Nous savons qu'elle a produit peu d'effet; mais les réponses aux objections de ses adversaires n'en étaient pas moins faciles.

Le principe d'expropriation pour cause d'utilité publique, étant inscrit d'une manière générale dans la constitution belge, est évidemment aussi bien applicable aux travaux de défrichement qu'aux travaux de route, de canaux ou de chemins de fer, et il est vraiment difficile de comprendre la distinction que voulaient établir les honorables adversaires du projet.

La seconde objection n'était pas plus fondée que la première : regarder comme une violation de la propriété l'expropriation pour cause d'utilité publique, quel que soit son but, c'est nier le principe même de toute société organisée; c'est mettre le caprice individuel au-dessus de l'intérêt général; c'est, en un mot, déclarer impossible tout progrès, toute amélioration, tout accroissement de ce qui fait la richesse commune. Personne ne refuse à l'État le droit d'ouvrir une voie de transport; on ne saurait, à plus forte raison, lui refuser le droit de créer un instrument de production, un champ cultivable, de diminuer l'étendue des terres en friche, quand la faim exerce presque chaque année ses ravages sur une partie de la population. L'utilité de la loi ne saurait d'ailleurs être mise en doute pour toutes les parties de la Belgique, où des travaux d'irrigation peuvent être entrepris. On verra plus loin, en détail, les sommes énormes que les travaux de cette nature répandent dans la classe ouvrière et les avantages considérables qu'ils procurent au pays tout entier. Bornons-nous ici à rappeler un seul fait cité dans la discussion. Le bureau d'enregistrement de Turnhout, qui ne produisait avant les travaux que 220 à 230,000 fr. par an, a rapporté 350,000 fr. en 1847. Ces chiffres seuls permettent d'apprécier l'influence des travaux sur le mouvement de la richesse publique.

Les prétendus dangers de la loi pour l'agriculture de certaines provinces étaient aussi peu redoutables que les autres objections étaient peu fondées. En admettant, en effet, comme on paraissait le craindre, que dans certaines circonstances spéciales, dans quelques localités particulières, un défrichement trop rapide pût produire des perturbations fâcheuses dans les habitudes acquises, la loi donnait à cet égard toutes les garanties désirables, en exigeant l'avis préalable des conseils provinciaux, véritables appréciateurs des intérêts et des besoins de leurs localités.

Les articles 15, 16, 17 et 18 de la loi sur le défrichement ouvrent un crédit de 500,000 fr., compris le report d'une somme de 150,000 fr. accordés par la loi du 20 décembre 1846, « pour mesures relatives « aux défrichements, aux irrigations et à la coloni- « sation de la Campine et ailleurs. » Les rentrées à opérer sur les travaux effectués au moyen de ce fond spécial peuvent être pendant cinq ans réemployées aux mêmes fins. — Le crédit voté forme, comme on l'a déjà dit, un véritable fonds de roulement, au moyen duquel l'État peut exécuter un nombre pour ainsi dire illimité de travaux, le produit de la vente d'un terrain préparé pour l'irrigation devant d'abord couvrir le gouvernement des avances faites pour les travaux préparatoires. Ces quatre articles n'ont pas avec le fond même de la loi une liaison bien intime et semblent former à eux seuls un ensemble assez complet pour devenir l'objet d'une loi spéciale de finance.

Les autres articles de la loi sur les défrichements accordent à l'État le droit d'ordonner la vente des terrains incultes et règlent la marche à suivre pour atteindre ce but. L'article 1er, le plus important de tous, est ainsi conçu :

« La vente des terrains incultes : bruyères, sarts, « vaines pâtures et autres reconnus comme tels par « le gouvernement, dont la jouissance ou la propriété « appartient soit à des communes, soit à des commu- « nautés d'habitants qui en font usage par indivis, « pourra être ordonnée par arrêté royal, sur l'avis con- « forme de la députation permanente du conseil pro- « vincial, après avoir entendu les conseils des com- « munes où il sera nécessaire de recourir à cette « mesure, pour cause d'utilité publique.

« Le gouvernement devra, préalablement à l'avis « du conseil communal, faire lever le plan des pro- « priétés à aliéner, et procéder à l'expertise, ainsi « qu'à une enquête *de commodo et incommodo*.

« La condition de mise en culture desdits lieux, « dans un délai à fixer, sera toujours imposée aux « acquéreurs, sous peine de déchéance et des dom- « mages et intérêts à stipuler au cahier des charges.

« Le cahier des charges imposera à l'acquéreur le « payement ou la consignation du prix d'acquisition « avant la prise de possession, à moins que les com- « munes ne préfèrent que des termes de payement « soient accordés.

« La vente aura lieu avec publicité et concurrence;

« le gouvernement en déterminera les conditions sur « l'avis des conseils communaux et de la députation « permanente du conseil provincial. »

L'article 2 porte que « l'adjudication ne sera défi« nitive qu'après l'approbation du conseil communal, « ou, à son défaut, après l'homologation du tribunal « de première instance de l'arrondissement dans le« quel les biens sont situés... » La suite de cet article et les articles suivants déterminent les délais et les différentes formalités qui doivent précéder l'homologation que les tribunaux ne peuvent refuser, si les formalités prescrites par la loi ont été observées et si le prix de la vente a atteint la juste valeur.

« Si l'homologation, dit l'article 6, n'est pas accor« dée, le gouvernement pourra réclamer une nouvelle « adjudication, ou bien se rendre adjudicataire pour « le prix qui sera déterminé par le tribunal. »

La loi devait, par une disposition spéciale, assurer d'une manière complète la mise en culture des terrains vendus, et s'opposer autant que possible aux manœuvres des spéculateurs qui auraient pu écarter les agriculteurs sérieux de l'achat des bruyères. L'article 7 atteint ce double but, en décidant que la déchéance peut être prononcée, sur la demande des communes ou du gouverneur de la province.

« Dans le cas où la déchéance aura été prononcée « à la demande du gouverneur de la province, celui-ci

« fera procéder à une nouvelle adjudication, moyen-
« nant les clauses et conditions qu'il jugera les plus
« utiles. »

« L'acquéreur sera tenu de la différence de son prix
« d'avec celui de la revente, sans pouvoir réclamer
« l'excédant, s'il y a en a; cet excédant sera versé dans
« la caisse communale. »

« Le prix payé par l'acquéreur ne lui sera restitué
« que déduction faite de cette différence, de tous frais,
« dépens et loyaux coûts, faits tant dans l'instance
« que pour la revente de l'immeuble qui a donné lieu
« à l'action en déchéance. »

« L'acquéreur qui a encouru la déchéance ne pourra
« se rendre adjudicataire sur la revente, ni par lui-
« même, ni par personne interposée. »

Mais il ne suffisait pas de mettre à la disposition de l'industrie privée des terrains à défricher, il fallait encore que l'État lui-même pût devenir momentanément propriétaire de grandes surfaces de terrains, pour les revendre par lots aux cultivateurs après y avoir exécuté, sans entraves, les travaux préparatoires et d'ensemble que lui seul peut entreprendre. Les articles 8 et 9 permettent à l'administration de prendre la part la plus active aux opérations agricoles, en lui donnant le droit d'effectuer, dans les limites posées par les lois de finances, la double opération que l'on vient d'indiquer.

« Les biens mentionnés à l'article 1er, dit, en effet,

« l'article 8, pourront être expropriés dans les limites « des crédits ouverts au gouvernement, soit pour les « irrigations, soit pour les défrichements; l'arrêté « d'expropriation devra être précédé de l'avis des « conseils communaux intéressés et de la députation « permanente du conseil provincial. »

Aux termes de l'article 9 : « Le gouvernement « pourra aliéner, par adjudication publique, les biens « acquis soit en vertu de l'article précédent, soit en « vertu de l'article 6. »

Les articles suivants, jusqu'au quatorzième inclusivement, donnent au gouvernement le droit d'ordonner le partage, entre les communes, des biens dont elles jouissent par indivis, et la location, sous certaines conditions, de terrains incultes. Ils règlent les dégrèvements d'impôts dont jouiront les terres nouvellement défrichées, ou les bâtiments que l'on y élèvera, et autorisent enfin les bourgmestres, contrairement au droit commun, à se rendre adjudicataires de biens communaux mis en vente en vertu des dispositions de la loi sur le défrichement.

L'importance pratique que pourrait avoir, dans certains cas, la location par baux à longs termes de terrains incultes, nous engage à reproduire textuellement l'article 11 de la loi belge qui se rapporte à ce sujet :

« La location de terrains communaux incultes :

« bruyères, sarts et vaines pâtures, pourra être or-
« donnée par arrêté royal, sur l'avis conforme de la
« députation permanente du conseil provincial, après
« avoir entendu le conseil de la commune intéressée,
« sous la condition que ces terrains seront mis en cul-
« ture dans les délais déterminés par le même arrêté
« royal. »

« Les baux n'excéderont point le terme de trente
« ans, et stipuleront qu'à leur échéance les anciens
« preneurs pourront les renouveler, aux prix qui se-
« ront alors fixés par arrêté royal, porté de la ma-
« nière indiquée au paragraphe précédent. »

La loi sur les défrichements, dont on vient d'analyser rapidement les principales dispositions, présente quelques articles qui ne sont pas directement applicables à la nature spéciale de culture dont nous nous occupons. Nous avons cependant cru devoir les citer, pour faire complétement apprécier l'esprit de la loi et montrer comment elle se prête aux différents cas d'améliorations agricoles qui peuvent se présenter. Du reste, les admirables résultats obtenus en Campine, de la mise en culture des bruyères préparées à l'irrigation par les soins du gouvernement, ont tellement frappé tous les esprits, que l'application des mesures coërcitives est devenue tout à fait inutile; de sorte que la loi ne sert, dans ce pays, qu'à fixer la marche à suivre pour la vente des bruyères préparées à l'irrigation, et à régler l'emploi du fonds de roulement accordé pour l'exécution des travaux de défrichement. Le gouvernement, bien loin d'avoir à contraindre les communes pour disposer de leurs bruyères, n'a qu'à choisir entre les offres qui lui sont faites, et suffit à peine à l'exécution des travaux préparatoires que l'on sollicite de toutes parts. On est donc arrivé, comme M. Kümmer l'avait prédit dans son rapport du 1er novembre 1846, à résoudre la question irritante de la vente des bruyères communales sans froisser aucun des préjugés dont sont imbus les paysans de la Campine.

Les terrains communaux mis à la disposition de l'État par le vote des conseils municipaux ou, au besoin, par l'application de la loi du 25 mars 1847, sont vendus aux enchères publiques aussitôt après l'exécution des travaux préparatoires. Ces ventes ont lieu conformément aux conditions d'un cahier des charges, qui peut servir de type pour les opérations de même espèce, et dont nous allons faire connaître les clauses principales.

La vente a lieu par le ministère d'un notaire, aux enchères, à l'extinction des feux, sous la direction du gouverneur de la province ou de son délégué, assisté de l'ingénieur en chef du service de la Campine, ou de son représentant, en présence du bourgmestre et des échevins de la commune. Les enchères ne peuvent être de moins de 10 fr. Le dernier enchérisseur est déclaré adjudicataire.

L'adjudication ne peut avoir lieu au-dessous du prix de l'estimation, faite préalablement par l'ingénieur en chef, et comprenant, pour chaque lot, d'abord les frais des travaux faits par le gouvernement pour le préparer à l'irrigation, et ensuite sa valeur propre déterminée proportionnellement, d'après l'estimation faite de la bruyère, avant le commencement des travaux par le conseil municipal.

En cas de contestation sur la validité des enchères, le fonctionnaire qui préside la vente décide, sans appel, si les opérations doivent être recommencées ou validées.

Si le fonctionnaire qui préside la vente le juge nécessaire, chaque adjudicataire doit fournir, séance tenante, bonne et valable caution, qui s'engage solidairement avec lui.

Il ne peut être fait aucune réclamation fondée sur la contenance des lots indiquée par l'affiche de vente.

Les adjudicataires s'obligent à faire exécuter, avant la fin de la cinquième année qui suivra la vente, les travaux complémentaires indispensables à l'irrigation des lots qui leur auront été adjugés. Passé ce délai, et à moins de justifications qu'il apprécie, le gouvernement devient propriétaire des lots, moyennant le payement aux adjudicataires d'une somme de 150 fr. par hectare.

Enfin, aux termes des articles 16 et 17 du cahier des charges, les adjudicataires s'engagent d'avance à se soumettre à tous les règlements à intervenir pour l'usage des eaux, et à supporter, proportionnellement à l'étendue de leurs lots, les frais d'entretien des ouvrages exécutés par le gouvernement, depuis la prise d'eau inclusivement, pour l'irrigation de leurs terres.

Les ventes se font presque toujours par lots d'une certaine étendue. Cette manière de procéder a l'inconvénient d'écarter les petits cultivateurs de l'achat des terrains préparés à l'irrigation. Mais, d'un autre côté, les lots d'une grande étendue, que de riches propriétaires ou de puissantes compagnies peuvent seuls acquérir, ont l'avantage d'attirer des capitaux étrangers à l'agriculture vers l'œuvre du défrichement, et de lui imprimer une activité que les petits cultivateurs laissés à leurs propres ressources ne sauraient lui donner. Il est donc indispensable de procéder par ventes de grandes étendues de terrain ; mais il serait juste, en même temps, de mettre de petites parcelles à la disposition des habitants de chaque commune. Il nous semblerait donc convenable de partager les terrains préparés à l'irrigation en lots très inégaux ; les uns assez peu étendus pour être accessibles aux plus modestes épargnes, et les autres assez vastes pour ne convenir qu'aux grands capitaux. Ces derniers terrains pourraient être plus éloignés que les premiers des villages existants, pour devenir le centre de nouvelles habitations. Nous devons ajouter que plusieurs petits cultivateurs s'associent quelquefois, pour acheter en commun un lot de prairie ; mais on comprend combien de difficultés présentent de pareilles réunions, et les entraves que cette nécessité doit apporter aux petites acquisitions.

Après avoir indiqué, comme nous venons de le faire, la marche suivie dans l'exécution successive des travaux d'amélioration de la Campine et la loi qui régit en Belgique les opérations de défrichement, nous avons à faire connaître les résultats déjà obtenus et ceux qu'un avenir prochain permet d'espérer.

Les travaux préparatoires à l'irrigation, comprenant, comme on l'a déjà dit, les chemins d'exploitation et les rigoles principales d'irrigation et d'égouttement, sont aujourd'hui terminés sur une étendue de plus de 1,500 hectares, et déjà plus de 1,000 hectares sont en pleine culture. Les données fournies par une aussi vaste expérience peuvent être regardées comme parfaitement établies et servir de base aux calculs les plus positifs.

La dépense d'établissement des travaux préparatoires à l'irrigation s'élève en moyenne à 130 francs environ par hectare. Il n'est pas encore possible de fixer d'une manière absolue le prix des travaux laissés aux soins des acquéreurs qui les ont exécutés de mille manières. On trouvera dans la seconde partie les détails relatifs aux différentes méthodes employées et aux dépenses qu'elles entraînent. Mais nous pouvons dire ici d'une manière générale que les travaux de la mise en culture, convenablement dirigés, s'élèvent au plus à 6 ou 700 fr. par hectare, et quelquefois à beaucoup moins, de sorte que le prix de revient d'un hectare de prairie, y compris l'achat du terrain, ne dépasse pas aujourd'hui 1,000 à 1,200 fr. Le revenu net de l'hectare de prairie irriguée, dans les plus mauvaises conditions, ne s'élève pas, à partir de la seconde année, à moins de 130 à 150 fr. Les capitaux placés dans les opérations agricoles de la Campine rapportent par conséquent de 10 à 15 p. 0/0 par an.

Les évaluations précédentes sont le résultat de l'ensemble des renseignements que nous avons pu nous procurer; elles sont plutôt au-dessous qu'au-dessus de la vérité. Un seul exemple authentique suffira du reste pour établir l'exactitude des déductions qui précédent. Nous le choisissons aussi peu favorable que possible, car il s'agit de prairies établies par une méthode excessivement coûteuse que personne ne suivrait à présent. L'hectare était revenu aux acquéreurs à 1,750 fr. La récolte de trente hectares, vendue sur pied par adjudication publique aux enchères, a produit, en 1849, la somme de 5,140 fr., soit 171 fr. 33 c. par hectare, ou enfin près de 10 p. 0/0 du capital engagé. La récolte de 1847, vendue comme celle de 1849, avait déjà produit 3,169 fr. 50 c., bien que le tiers du terrain n'eût été ensemencé qu'en septembre de l'année précédente. Tout porte à croire d'ailleurs que les produits de 1850 seront encore supérieurs à ceux de 1849.

On comprend, du reste, sans qu'il soit en quelque sorte besoin de l'indiquer, que certaines expériences tentées pour la création des prairies n'aient donné d'abord que des résultats assez médiocres. M. Kümmer, en exposant lui-même, dans un rapport du 29 juin 1848, les résultats de ses principales tentatives, cite quelques faits qui paraissent, au premier abord, assez peu encourageants. Mais en 1849 les produits ont été beaucoup plus beaux, et les parcelles traitées par les méthodes les moins avantageuses ont encore rapporté un intérêt très convenable.

Les ventes publiques des foins des prairies irriguées se font par lots d'une assez faible importance, de sorte que les produits sont, en général, achetés par les habitants des environs, qui trouvent encore du bénéfice, malgré les frais de vente s'élevant à 10 p. 0/0, à augmenter ainsi leurs ressources en fourrages. Ce fait établit, de la manière la plus frappante, l'avantage qu'il y aurait pour les plus petits cultivateurs à pouvoir acquérir quelques parcelles de prairies, et justifie l'observation que nous avons faite sur l'utilité de la mise en vente de petits lots de terrain.

La mise en culture des terrains préparés à l'irrigation et vendus aux enchères par le gouvernement, s'exécute par les soins de grands propriétaires, ou par les agents de compagnies formées à cet effet. Les avantages certains des opérations de cette nature considérées en elles-mêmes, et l'espoir de réaliser des bénéfices considérables en revendant en détail, après un certain temps, les terrains transformés en prairies, ont donné naissance à plusieurs compagnies d'irrigation établies à Maëstricht, à Anvers et à Bruxelles [1]. Ce sont des exemples remarquables de l'application à

[1] Nous croyons utile de donner ici quelques extraits des *Statuts de la Société anonyme d'irrigation de la Campine*, autorisée par arrêté royal du 18 mars 1849, qui feront connaître les bases principales de toutes les opérations de cette nature :

« Art. 1. Il est établi, sur pied des présents statuts et moyennant l'autorisation royale, une Société anonyme pour l'acquisition, le défrichement, l'exploitation et la revente des bruyères de la Campine.

« Art. 2. La Société se proposant d'opérer principalement par voie d'irrigation, d'après le système vérifié par les expériences récentes de M. l'ingénieur en chef Kümmer, elle prendra le nom de Société d'Irrigation de la Campine.

« Art. 3. La Société a son siége et ses bureaux à Anvers.

« Art. 4. La durée de la Société est fixée à dix années qui pren-

l'agriculture de compagnies industrielles. Il serait vivement à désirer de voir les grands capitaux s'engager en France dans la même voie. Nous ne doutons pas du succès des entreprises de cette espèce, sagement et honnêtement dirigées.

Les faits particuliers que nous venons de citer établissent clairement les avantages pécuniaires, et, pour ainsi dire, individuels, des travaux agricoles dirigés par le gouvernement belge, mais ils ne donnent qu'une idée très incomplète de leurs résultats généraux, des

dront cours à dater de l'arrêté royal qui approuvera les présents statuts ; cette durée pourra être prolongée pour un nouveau terme, qui ne pourra excéder dix années, par résolution de l'assemblée générale, réunie et délibérant conformément aux dispositions du chapitre V, mais seulement sur la proposition du conseil d'administration à qui l'initiative appartient à cet égard; toute résolution portant prorogation du terme de la Société sera soumise à l'approbation préalable du gouvernement. »

Aux termes de l'article 5, la dissolution de la Société peut avoir lieu avant le terme fixé, en cas de perte de la moitié du capital émis, ou sur la demande des deux tiers des membres de l'assemblée générale.

« Art. 6. Le capital social est fixé à trois millions de francs, en trois mille actions de mille francs chacune; cependant la Société existera et pourra commencer ses opérations aussitôt que cinq cents actions auront été placées.

. . . .

. . . .

« Art. 15. La Société est administrée par un conseil composé de trois administrateurs dont la gestion est surveillée par trois commissaires.

immenses bienfaits qu'ils répandent dans la classe ouvrière et des ressources nouvelles qu'ils sont appelés à créer en Belgique. Quelques chiffres suffiront pour faire apprécier l'importance de cette grande entreprise.

L'œuvre du défrichement en Campine, dit M. Kümmer, dans son rapport annexé à la loi du 25 mars 1847, peut s'étendre sur une surface de 150,000 hectares. Une étendue de 100,000 hectares est irrigable et peut être convenablement transformée en prairies. Mais pour se tenir dans les limites d'une extrême modéra-

« Art. 17. Les commissaires chargés de la surveillance sont nommés par l'assemblée générale pour un terme de trois années, mais de façon que l'un d'eux sorte chaque année; la première sortie aura lieu au mois de février 1850; — l'ordre des premières sorties est réglé par le sort; le commissaire sortant est rééligible.

« Art. 18. Le gouvernement aura du reste la faculté de nommer un ou plusieurs délégués pour prendre, aussi souvent qu'il le jugera nécessaire, connaissance des livres, comptes et opérations de la Société, et pour s'assurer de l'exécution des statuts.

. . . .
. . . .
. . . .

« Art. 38. Sur le produit net des opérations de l'année, déduction faite de tous frais généraux et de toutes charges sociales, il sera prélevé :

« A. Une somme égale à 5 pour cent du capital versé pour être distribuée aux actionnaires, à titre d'intérêt.

« B. La somme de 3,000 fr. à répartir en jetons de présence, entre les commissaires de surveillance, conformément à l'art. 27 ; le surplus sera distribué en dividendes, et réparti, savoir :

« 60 pour cent aux actionnaires;

tion, et pour que les résultats soient de beaucoup au-dessus des avantages prévus, on ne doit compter que sur la conversion en prairies de 25,000 hectares. C'est ce dernier nombre qui a généralement été pris pour base des différents calculs faits sur ce sujet.

Les bruyères de la Campine se vendaient, en 1830 ou 1835, de 15 à 20 fr. l'hectare. Ce prix s'éleva, en 1840, dans la prévision de la prochaine exécution des travaux, à 40 fr. Aujourd'hui le prix de l'hectare varie de 250 à 400 fr., déduction faite des sommes avancées par l'État pour les travaux préparatoires.

« 30 pour cent aux administrateurs;

« 10 pour cent à étendre les opérations de la Société.

« Art. 39. Si les produits nets d'une année ne suffisaient pas à parfaire la somme nécessaire au payement des intérêts et des jetons de présence, il y sera pourvu par les produits nets des années subséquentes avant toute distribution de dividendes.

. . . .

. . . .

. . . .

Art. 42. Après la réalisation totale des biens, l'acquittement de toutes les dettes et charges sociales et l'amortissement complet des actions, les fonds restants constitueront les bénéfices de la Société; ils seront répartis, savoir :

« 60 pour cent aux actionnaires;

« 40 pour cent à MM. C.-L. de Gruytters, J.-C. Van Put et A.-F.-A. Lefever, ou à leurs héritiers, comme fondateurs, et pour reconnaître l'avantage qu'ils ont procuré à la Société par la cession qu'ils s'obligent à lui faire, à prix coûtant, des droits qui résultent pour eux des adjudications qu'ils ont obtenues le 19 décembre 1848, et le 9 janvier 1849, de 264 hectares de bruyères préparées à l'irrigation, et situées dans Arendonck et Caulille. »

Le prix des terrains incultes s'est donc accru de plus de 200 fr. par hectare, grâce aux travaux préparatoires, ce qui donne, pour les 25,000 hectares dont nous avons parlé, une augmentation de valeur vénale de plus de 5 millions. Cette augmentation dépasserait de beaucoup 20 millions, si les prix de ventes s'élevaient assez pour réduire à 5 pour 100 l'intérêt des fonds placés en bruyères irrigables, qui rapportent maintenant, comme nous l'avons déjà dit, au moins 10 pour 100 par an.

Cette augmentation de la valeur vénale des terrains ne donne, du reste, qu'une mesure tout à fait insuffisante des résultats des travaux d'irrigation. Pour arriver à une estimation exacte de leur importance, il faut évaluer les produits qu'ils permettront de créer annuellement. En supposant, ce qui est assurément fort au-dessous de la vérité, que chaque hectare de prairie ne nourrisse qu'une tête de gros bétail, la formation, en Campine, de 25,000 hectares de prairies suffirait pour augmenter la production de viande en Belgique, d'une quantité supérieure au chiffre considérable de l'importation actuelle de cette denrée. Mais ce n'est pas tout encore : les fumiers des animaux nourris au moyen des nouvelles prairies exerceront, sur la culture des terres labourées environnantes, une influence dont chacun appréciera la valeur, sans qu'il soit nécessaire de rappeler les chiffres que les agronomes admettent à cet égard. De sorte que, non-seulement les 25,000 hectares de prairies que nous prenons pour base de nos calculs nourriraient 25,000 têtes de gros bétail, mais encore augmenteraient, dans une énorme proportion, le produit annuel en céréales des terres voisines. En ajoutant la valeur de ces deux productions naturelles on arrive à la véritable estimation de l'accroissement de la richesse publique, produit par les travaux agricoles dus à l'initiative du gouvernement belge. Et ces travaux, nous le répétons encore, n'ont exigé de la part du Trésor que quelques avances, et l'emploi de sommes insignifiantes, relativement aux résultats obtenus, et que l'on aurait dépensées sans scrupule, dans le seul but, atteint en même temps, de créer une voie navigable entre la Meuse et l'Escaut.

Les travaux agricoles qui nous occupent ont encore un autre avantage, que tout le monde appréciera. Ils répandent en salaires des sommes considérables et fournissent du travail à un grand nombre d'ouvriers, sans exiger de l'État d'autre secours que l'*avance* nécessaire à l'exécution des travaux préparatoires entrepris chaque année. La main d'œuvre, pour l'exécution des travaux préparatoires, le défoncement du sol, la formation des ados, les semis, etc., s'élève, en moyenne, à plus de 500 fr. par hectare. Les 25,000 hectares de prairies, qu'il est facile de créer en

Campine, produiraient donc en quelques années du travail pour la classe ouvrière, pour la somme énorme de 12,500,000 fr., sans puiser en aucune façon dans les caisses de l'État.

Aucune espèce de travaux n'exige une proportion relativement aussi forte de main-d'œuvre que les entreprises d'irrigation et de défrichement, et ne convient, par conséquent, aussi bien au soulagement des classes nécessiteuses. Ces travaux tendent d'ailleurs à retenir dans les campagnes des travailleurs intelligents et actifs, et à diminuer ainsi progressivement et de la manière la plus avantageuse pour eux et pour la société le nombre des terrassiers de profession, que l'achèvement successif des grandes lignes de canaux et de chemins de fer laisse, chaque jour, sans travail et sans ressources.

Le gouvernement belge espère trouver encore dans les travaux de la Campine une ressource importante et directe pour la solution des questions d'assistance, en créant, au milieu des bruyères, des colonies agricoles dans lesquelles trouveraient asile de nombreuses familles pauvres, et qui deviendraient plus tard le centre de villages nouveaux.

La première colonie projetée, et aujourd'hui en cours d'exécution, se composera de trente fermes destinées à contenir chacune une famille de quatre à cinq personnes. Les fermes sont disposées de chaque côté et à égale distance d'un canal de petite navigation, bordé de chemins et terminé par un bassin, sur le bord duquel on construira plus tard une église, une école, et un presbytère. Derrière chaque ferme s'étend un terrain rectangulaire de trois hectares, garni de rigoles d'assainissement et d'arrosage et destiné au labour et au jardinage. Des chemins d'exploitation, perpendiculaires au canal et bordés d'arbres servant d'abri, séparent les uns des autres les différents lots de terre. Chaque ferme jouira, en outre, d'un hectare de prairie arrosée par une dérivation du canal et située à l'un des angles de la colonie.

La dépense totale d'établissement de la colonie[1], y compris l'achat des terrains, la construction des fermes, des chemins et des canaux, la mise en culture des terres, la fourniture des bestiaux et des instruments aratoires, et enfin la nourriture des colons pendant trois années, ne s'élèvera d'après les estimations les plus précises qu'à la somme de 183,000 fr. environ.

On n'est pas encore bien fixé sur le montant des re-

[1] Voyez plus loin le détail de cette dépense. Il existe, comme on sait, en Hollande et en Belgique, plusieurs colonies agricoles libres et forcées. Nous aurions désiré établir quelques comparaisons entre les colonies projetées et les colonies existantes, et faire connaître les détails d'exécution et d'administration de ces établissements; mais ce sujet ne saurait être indiqué en quelques pages, et nous eût entraîné trop loin.

devances que l'on exigera des colons. Il paraît cependant qu'ils auront à payer 50 fr. par hectare la cinquième année, 60 fr. la sixième, et enfin 70 fr. les années suivantes, à partir de la huitième. Ces chiffres sont, du reste, extrêmement modérés et moins élevés que les prix de location exigés par les propriétaires en pareilles circonstances. Un des grands cultivateurs de la Campine obtient, en effet, de ses fermiers, 60 fr. de location par hectare dès la troisième année du défrichement des terres incultes.

Les colonies belges qui nous occupent présentent de l'analogie avec certaines colonies hollandaises déjà anciennes, et mériteront un examen sérieux. Elles pourront, en effet, servir de guides pour l'organisation d'établissements analogues à créer en France ou en Algérie; mais nous nous sommes imposé l'obligation de ne parler ici que de faits accomplis, et nous ne voulons pas insister davantage sur des opérations que l'expérience n'a pas encore sanctionnées.

DEUXIÈME PARTIE.

Canaux exécutés ou projetés. — Dispositions générales et particulières des travaux d'irrigation. — Mise en culture des terrains. — Frais d'établissement des colonies agricoles.

Après avoir indiqué les points principaux de l'histoire de la canalisation de la Campine, nous avons fait connaître la direction générale des lignes navigables exécutées ou projetées, leur analogie et leur relation avec le grand projet du canal du Nord, exécuté en partie par les ingénieurs français; et enfin nous avons signalé les immenses bienfaits réalisés par la sage initiative du gouvernement belge, ainsi que les heureux résultats financiers et économiques des opérations agricoles entreprises sous le bénéfice de son intervention plus ou moins directe. Nous devons entrer maintenant dans l'examen plus détaillé de ces différents travaux et de la marche suivie dans leur exécution.

Le point de départ de tous les travaux d'irrigation de la Campine est le canal qui porte sur cette vaste plaine les eaux fécondantes de la Meuse. Nous allons décrire sommairement, au point de vue de l'art de l'ingénieur, et en nous aidant des devis d'exécution, cet ouvrage important, dont nous avons déjà fait connaître le but, la direction générale et le prix d'établissement.

Le canal de jonction de la Meuse à l'Escaut se partage, quant à présent, sous le rapport des travaux, en deux sections distinctes qu'il convient d'étudier séparément.

La première section prend naissance à l'extrémité du deuxième biez du canal de Maëstricht à Bois-le-Duc, à $262^m,30$ en amont de l'écluse de Bocholt; elle se termine à $560^m,0$ de la limite des provinces d'Anvers et du Limbourg, et à 1090^m de la Pierre-Bleue. Cette première section, partagée en neuf alignements droits, a $27,000^m$ de longueur, et forme un seul biez dont le plafond présente une pente uniforme de $0^m,03$ par kilomètre.

La largeur du plafond du canal est de 6 mètres et le tirant d'eau de $1^m,65$. Ces dimensions sont portées à 10 mètres et à $2^m,10$ dans la partie comprise entre l'origine de la ligne et un point situé à 880 mètres au-delà du Dommel. Une banquette de $0^m,50$ est ménagée au niveau du plan de flottaison.

L'inclinaison de tous les talus est réglée à raison de 3 de base pour 2 de hauteur.

Des chemins de halage sont établis sur les deux rives du canal. Ils ont 4 mètres de largeur dans les parties en remblai et $3^m,50$ seulement dans les parties en déblai. Leur surface est placée à 1 mètre au-dessus du plan de flottaison, entre l'origine et le point situé à 880 mètres au-delà du Dommel, et à 2 mètres au-dessus du même plan dans le reste du parcours. Dans les parties de son tracé où le canal est en déblai, le chemin de halage est bordé par un fossé de $0^m,50$ de largeur en gueule. Quand le chemin de halage se trouve à moins de 1 mètre en contre-bas du terrain naturel, le talus qui s'élève du fond du fossé se prolonge sans interruption jusqu'à la surface du sol; dans le cas contraire, une banquette de $0^m,50$ de largeur est réservée à 1 mètre au-dessus du chemin de halage, et le talus se prolonge ensuite parallèlement à sa direction primitive, sans nouvelle interruption, quelle que soit la profondeur de la tranchée.

Trois gares ou bassins, ayant respectivement 20, 30 et 50 mètres de largeur, sur 100 mètres de longueur, sont établis sur la première section.

Un pont tournant, avec culées en maçonnerie garnies de coulisses, pour y placer au besoin des poutrelles, est construit sur le chemin de halage du canal de Maëstricht à Bois-le-Duc, au point où s'embranche le canal de la Campine.

Les aqueducs à établir sous le chemin de halage du canal, les siphons, les culées des ponts suspendus ou tournants sont construits en maçonnerie de briques et pierres de taille. Ces ouvrages ne présentent d'ailleurs aucune particularité remarquable.

La seconde section du canal de la Meuse à l'Escaut s'étend de l'extrémité de la première section, jusqu'à l'embouchure du canal dans la Nèthe canalisée, au-dessous de Hérenthals. Le tracé, après avoir traversé entre Desschel et Moll les sources de la Petite-Nèthe, rencontre la route de Turnhout à Diest à 2,200 mètres au nord de la Petite-Nèthe, et à 18,000 mètres de Turnhout; il retrouve alors les restes ensablés de l'ancien canal du Nord, dont il utilise les parties conservées jusqu'auprès de Hérenthals. Le canal se jette ensuite vers le nord, entre dans la ville près de la porte des Vaches, traverse la rue principale et rejoint la Nèthe canalisée, à 150 mètres environ en aval du point où rentre dans cette rivière la dérivation d'une usine située un peu plus haut.

Cette seconde section doit racheter une pente totale de $31^{m},15$, comprise entre la flottaison de la première section et l'étiage de la Nèthe canalisée, en aval de Hérenthals.

Les biez et les écluses qui les séparent présentent les longueurs et les chutes indiquées ci-après :

	mètres.	mètres.
Le premier biez est formé par la partie du canal en prolongement de la première section; sa longueur est de.		427,00
A reporter. . .		427.00

	mètres.	mètres.
Report. . .		427.00
Le deuxième biez prend naissance aux murs en retour de la tête aval de l'écluse n° 1, dont la chute est de.	4,34	
Il se termine aux murs en retour de la tête d'aval de l'écluse n° 2, dont la chute est de.	4,33	
Sa longueur est de.		851,00
Le troisième biez, dont la longueur est de.		1495,00
se termine à l'écluse n° 3, dont la chute est de.	4,33	
Le quatrième biez se termine à l'écluse n° 4 dont la chute est de.	2,50	
Sa longueur est de.		1885,00
Le cinquième biez a pour longueur. . .		1631,00
L'écluse n° 5, qui le termine, a une chute de.	2,50	
Le sixième biez aboutit à l'écluse n° 6, dont la chute est de.	2,00	
Sa longueur est de.		6169,00
Le septième biez, terminé par l'écluse n° 7, dont la chute est de.	2,00	
présente une longueur de.		1150,00
Le huitième biez, d'une longueur de. . .		4464,00
se termine à l'écluse n° 8, dont la chute est de.	2,00	
L'écluse n° 9 présente une chute de. . .	2,50	
et termine le neuvième biez d'une longueur de		2162,00
Le dixième biez, dont la longueur est de. .		7597,00
aboutit à l'écluse n° 10, présentant une chute de.	2,50	
La longueur du onzième biez, formé en partie de la traverse de la ville de Hérenthals est de.		1753,00
A reporter. . .	29,00	29584,00

	mètres.	mètres.
Report. . .	29,00	29584,00
L'écluse n° 11, qui le termine et réunit la deuxième section du canal à la Nèthe canalisée, a une chute de.	2,15	
Le prolongement jusqu'à la Nèthe est de. .		66,00
Longueur développée de la section. .		29650,00
Chute totale des écluses.	31,15	

Le plafond du canal dans chaque biez présente une pente régulière de $0^m,02$ par kilomètre.

Le tirant d'eau minimum est de $1^m,65$.

La largeur au plafond est fixée à 6 mètres dans les alignements droits, et à 10 mètres dans quelques courbes de petit rayon et dans certaines parties exceptionnelles du tracé.

Tous les talus présentent une inclinaison de 3 de base pour 2 de hauteur.

Une banquette de 2 mètres de largeur règne à la hauteur du plan de flottaison de chaque côté du canal ; de sorte que son élargissement ne présenterait aucune difficulté, si l'on reconnaissait plus tard qu'il convient d'adopter partout une section de 10 mètres au plafond.

Les chemins de halage sont généralement établis à $1^m,50$ au-dessus du plan de flottaison. Cette distance, réduite à 1 mètre dans quelques points du tracé, est portée à 2 mètres dans certaines parties du canal. Les autres dispositions des chemins de halage sont les mêmes que celles adoptées dans la première section de la ligne.

Des gares de 120 mètres de longueur, et dont la largeur varie de 12 mètres à 48 mètres, sont établies aux environs des écluses et du pont n° 3.

Les principaux ouvrages d'art de cette partie du canal sont :

Onze écluses, dont trois à sas accolés et neuf avec pont-levis;

Neuf aqueducs siphons, dont trois avec déversoirs;

Dix ponts tournants;

Une maison pour la direction et vingt-quatre maisons d'éclusiers, de pontonniers et gardes.

Les têtes des écluses sont en maçonnerie. Les bajoyers des sas sont en fascinages [1], s'appuyant à l'amont et à l'aval sur les murs en retour des têtes des écluses. Les dimensions principales de ces ouvrages sont les suivantes :

[1] Les fascinages, dont l'emploi semble si bien et si naturellement indiqué pour l'exécution des travaux de canalisations agricoles, sont fréquemment utilisés en Belgique. Leur application aux ouvrages de petite navigation mérite de devenir l'objet d'une étude spéciale. Les ingénieurs des services hydrauliques tireraient, sans aucun doute, un excellent parti de ces matériaux dans l'exécution de leurs projets, dont l'économie est la première condition.

ÉCLUSE A SAS SIMPLE, AVEC PONT-LEVIS.

Tête d'amont.

	mètres.
Longueur entre le musoir d'amont et la chambre des portes.	5,00
Longueur de la chambre des portes.	3,20
Longueur entre le chardonnet et le nu du mur en retour d'aval.	4,30

Sas.

Longueur du sas entre les murs en retour des têtes amont et aval.	39,40

Tête d'aval.

Longueur entre le mur en retour amont et la chambre des portes.	3,30
Longueur de la chambre des portes.	3,20
Longueur depuis le chardonnet jusqu'au musoir d'aval.	4,30
Longueur totale.	62,70

La longueur de la tête d'amont, dans les écluses sans pont-levis, est réduite à 10 mètres, de sorte que la longueur totale des écluses de cette espèce n'est que de 60^{m},20.

La largeur entre les bajoyers des têtes de l'écluse est de 5 mètres. Le mouillage minimum sur les buscs est de 1^{m},65. Les murs en retour d'amont ont 3 mètres de longueur et ceux d'aval 4^{m},50. Les plates-formes qui couronnent les têtes sont élevées de 0^{m},75 au-dessus du plan de flottaison du biez supérieur.

Les principales dimensions des diverses parties des écluses à sas accolés ne diffèrent pas notablement de celles que nous venons d'indiquer. Un pont-levis est établi sur la tête d'amont. La longueur totale de cette seconde espèce d'écluse se partage de la manière suivante :

	mètres.
Tête d'amont.	12,50
Premier sas.	39,40
Tête intermédiaire.	10,00
Second sas.	39,40
Tête d'aval.	10,80
Longueur totale. . .	112,10

Les murs des bajoyers ont pour épaisseur, à leur base 0,42, et au couronnement 0,28 de leur hauteur. Des contreforts sont établis dans le prolongement des faces verticales du busc.

Les coulisses, les angles des chambres des portes, les buscs, les chardonnets et les organaux sont en pierres de taille. Le reste de la maçonnerie est en briques.

Les aqueducs siphons ne présentent aucune disposition spéciale utile à signaler ici. Ils sont, comme les écluses, exécutés en maçonnerie de briques et de pierres de taille.

Les ponts-levis des écluses ressemblent beaucoup à ceux du canal du Nord, décrits dans l'ouvrage de M. Hageau.

Les ponts tournants sont établis sur deux culées en

maçonnerie de pierres de taille et de briques. Les murs de face de ces culées sont verticaux. Ils laissent entre eux une largeur libre de $5^m,50$. Leur longueur entre les musoirs est de 6^m 50; les murs en retour qui les terminent ont $7^m,35$ de longueur.

Le pivot du pont est supporté par un massif spécial de maçonnerie établi dans la culée gauche. La volée s'appuie sur la culée droite. Les épaisseurs des murs de face et des murs en retour des culées sont à la base 0,42 et au sommet 0,28 de leur hauteur. La volée du tablier du pont a $7^m,80$ et la culasse $6^m,05$. La manœuvre du pont s'opère sans mécanisme; un seul homme suffit pour le mettre en mouvement.

Les maisons éclusières, très convenablement disposées, sont formées d'un rez-de-chaussée, d'un étage et d'un comble.

L'embranchement sur Turnhout du canal de la Meuse à l'Escaut prend naissance à l'extrémité du quatrième biez de cette ligne navigable, à 150 mètres en amont de l'écluse n° 4, et se termine à 600 mètres de Turnhout, à sa rencontre avec le chemin de cette ville à Bois-le-Duc. La longueur totale de cet embranchement est de 25734 mètres, partagée en neuf alignements droits. Il forme un seul biez, dont le plafond présente une pente uniforme de $0^m,02$ par kilomètre.

La largeur du canal au plafond est de 6 mètres; des

banquettes de 2 mètres sont ménagées, de chaque côté du canal, à $0^m,50$ au-dessus du plan de flottaison. Les chemins de halage présentent les mêmes dispositions que ceux de la ligne principale. Une banquette de 2 mètres de largeur est établie à $0^m,50$, au-dessous de la crête du chemin de halage, du côté opposé au canal, quand le remblai dépasse 2 mètres de hauteur.

Les digues de l'embranchement de Turnhout, dans les parties marécageuses, sont enracinées dans le terrain naturel, au moyen de tranchées creusées jusqu'à la rencontre du sol vif et présentant 2 mètres de largeur au plafond, et des talus inclinés à 45°.

Des gares d'évitement de 50 mètres de largeur au plafond, et dont la longueur varie de 200 à 500 mètres, sont établies en différents points de l'embranchement.

Les travaux d'art consistent en un barrage établi à l'origine de la ligne, et en un assez grand nombre de ponts mobiles, de siphons et d'aqueducs.

Les prix des ouvrages exécutés pour l'ouverture des deux sections du canal de la Meuse à l'Escaut et de l'embranchement de Turnhout ont été assez peu différents. Nous réunissons dans le tableau suivant, à titre de renseignement, quelques extraits des séries de prix annexées aux cahiers des charges des entreprises de ces travaux.

INDICATION DES OUVRAGES.	PRIX POUR					
	la 2e section.		la 1re section.		l'embranchement.	
	fr.	c.	fr.	c.	fr.	c.
Fouille, charge et transport à un relai de 30 mètres en plaine et de 20 mètres en rampe, épuisement, damage, régalage et talutage compris, le mètre cube.	»	26	»	35	»	35
Pour chaque relai à la brouette d'augmentation.	»	10	»	10	»	10
Transport au tombereau, par chaque relai de 100 mètres.	»	07	»	»	»	»
Transport au tombereau, par chaque relai de 200 mètres.	»	»	»	16	»	14
Pilots de sapin du pays de 5 mètres de longueur et de $0^m,20$ de diamètre, y compris le battage et autre main-d'œuvre, la pièce.	15	»	47	»	»	»
Pilots de sapin du pays de 5 mètres de longueur et de $0^m,25$ de diamètre, y compris le battage et autre main d'œuvre, la pièce.	»	»	»	»	17	»
Bois de sapin du pays, scié à vive arête, le mètre cube.	80	»	90	»	»	»
Bois de sapin du Nord. . . id. . . id. .	130	»	130	»	»	»
Bois de chêne. . . . . . id. . . id. .	180	»	150	»	150	»
Bois de chêne pour portes. id. . . id. .	220	»	»	»	220	»
Maçonnerie de pierres de taille, le mètre cube. .	170	»	170	»	150	»
Maçonnerie de briques, avec trass bâtardé, le mètre cube.	30	»	31	»	28	»
Maçonnerie de briques, avec mortier ordinaire, le mètre cube.	20	»	28	»	24	»
Fer forgé, le kilogramme.	1	»	1	»	1	«

Nous n'entrerons pas dans de plus longs détails sur les canaux proprement dits. Il suffisait, comme nous avons essayé de le faire, de donner une idée de leurs principales dispositions et de citer quelques chiffres qui permissent de comparer les frais des travaux de la Campine avec ceux des ouvrages analogues à exécuter en France. De plus longs développements sur des travaux qui ne diffèrent pas d'une manière notable de ceux que les ingénieurs dirigent habituellement, seraient ici sans intérêt et ne feraient que nous éloigner de l'étude des travaux d'irrigation proprement dits, dont nous allons maintenant nous occuper.

Les irrigations par *ados*, ou marchites, ont prévalu en Campine. Ce système d'arrosage consiste, comme on sait, à diviser le sol en une série de billons formés par la réunion de deux plans inclinés en sens contraire. Une rigole, tracée au sommet de chaque billon, verse l'eau sur les deux plans inclinés adjacents. Une autre rigole, ménagée suivant la ligne d'intersection inférieure des plans inclinés de deux billons successifs, sert à recueillir l'eau surabondante, et la conduit dans une rigole d'une plus grande section servant à l'égouttement d'une plus ou moins grande étendue de terrain. Les billons, ou ados, sont généralement rectangulaires et placés les uns à côté des autres, de telle sorte que les rigoles d'arrosage et d'asséchement de chaque billon sont parallèles entre elles, et perpendiculaires aux rigoles de second ordre qui servent à l'arrosage et à l'égouttement d'une série d'ados. Ces dernières sont, par conséquent, parallèles entre elles, de sorte que chaque série d'ados forme une surface rectangulaire, comprise entre une rigole d'arrosage qui la domine et une rigole d'égouttement qui lui est inférieure. Les chemins nécessaires à l'exploitation des champs irrigués sont établis parallèlement aux canaux d'arrosage.

La nature du terrain, la forme de son périmètre, la disposition de sa surface déterminent la distribution la plus convenable des séries d'ados, et obligent à s'écarter, pour quelques-unes d'entre elles, de la forme ordinaire que l'on vient d'indiquer. — Il serait impossible de poser à cet égard des règles générales ; mais l'aspect des profils en travers levés sur les champs à arroser permet de fixer sans difficulté l'emplacement des rigoles principales, de leurs embranchements et des systèmes d'ados qu'elles doivent desservir. Les figures 1 et 2 (planche 3) représentent le plan des canaux d'irrigation et d'égouttement, et des chemins d'exploitation exécutés sur une partie de la commune d'Arendonck, et sur une surface de 69 hectares dans la commune de Turnhout. Ces deux exemples suffiront pour donner une idée des dispositions que l'on peut adopter.

Examinons maintenant le mode d'établissement des ouvrages d'art et des rigoles principales d'irrigation dont le gouvernement belge s'est réservé l'exécution.

Les prises d'eau, dans le canal de la Campine, des rigoles d'alimentation de premier ordre sont formées d'un simple aqueduc établi sous le chemin de halage. La tête d'aval est garnie de murs en aile. La tête d'amont, au contraire, se termine par des murs en retour, dont les faces parallèles aux culées présentent des rainures dans lesquelles glisse la vanne qui sert à donner ou à retenir l'eau.

Les figures 1, 2, 3 (pl. 2) représentent une prise d'eau de $2^m,0$ établie sur un grillage en charpente, et défendue à l'amont et à l'aval par des palplanches jointives. Toutes les prises d'eau sont exécutées en briques et pierres de taille, et ne diffèrent de celle dont nous donnons le dessin que par leurs proportions plus ou moins considérables.

Le tracé et les dimensions des rigoles principales d'irrigation, qui prennent naissance au canal, au moyen de prises d'eau semblables à celles que nous venons de décrire, varient avec la forme du terrain et la surface à irriguer. Leur profil en travers est toujours formé d'un plafond horizontal et de deux berges offrant une inclinaison de trois de base, pour deux de hauteur. Les dimensions de ce profil se déterminent à l'aide des formules ordinaires de jaugeage, de manière que les rigoles puissent débiter, par seconde, un volume de trois litres d'eau, par hectare à arroser. Pour tenir compte du rétrécissement dû à l'envasement des rigoles et à l'envahissement des herbes, on augmente d'un quart la surface de la section déterminée par le calcul.

Les rigoles sont partagées en biez dont la section, constante dans toute la longueur d'un biez, diminue de chacun d'eux au suivant, en raison de la surface restant à irriguer en aval. La pente du plafond des biez est de $0^m,30$ à $0^m,40$ par kilomètre.

Les différents biez sont séparés les uns des autres par des *chutes*. Ces petits ouvrages d'art (figures 4, 5, 6, pl. 2) sont formés d'un massif en maçonnerie dans lequel est ménagée une ouverture rectangulaire de la largeur du plafond de la rigole. Les banquettes des biez inférieurs et supérieurs viennent s'appuyer contre le massif de maçonnerie. Un revêtement en briques, retenu à l'aval par une rangée de palplanches peu épaisses, moisées à leur partie supérieure, défend, contre les affouillements, le plafond et les banquettes du biez d'aval. Des rainures, ménagées dans les bajoyers de la chute, reçoivent la vanne en bois qui règle l'écoulement de l'eau d'un biez dans le biez suivant. Une barre de fer méplat percée de trous est fixée au milieu de la vanne. Cette barre de fer passe dans l'œil d'une traverse, également en fer, scellée dans les bajoyers, et permet de maintenir la vanne à la hauteur voulue, au moyen d'une cheville placée dans un trou convenablement choisi.

La figure 3, planche 3, indique la disposition des profils en long du terrain et des rigoles d'irrigation et d'égouttement d'une partie du plan de l'irrigation de la commune d'Arendonck.

Les chemins vicinaux ou d'exploitation traversent les rigoles principales sur des ponts (figures 7, 8, pl. 2) formés de deux culées en maçonnerie et d'un tablier en charpente. L'écartement des culées est égal à la largeur du plafond de la rigole. Le tablier, formé de madriers recouverts d'un platelage parallèle à leur direction, est supporté par des longrines encastrées dans les maçonneries des culées. La disposition de ces ponts n'est peut-être pas complétement satisfaisante. Ils rétrécissent beaucoup la section de la rigole, et malgré leur apparente simplicité, leur prix est encore plus élevé qu'il ne conviendrait pour des ouvrages de cette nature.

Les prises d'eau dans les rigoles principales, le passage d'une rigole secondaire sous un chemin ou sous une autre rigole, s'exécutent avec des buses en bois (fig. 9, pl. 2) formées de quatre planches solidement assemblées entre elles et maintenues par une série de brides également en bois. Les buses de prise d'eau sont garnies à l'une de leurs extrémités d'une vanne glissant dans des rainures et servant à régler l'introduction de l'eau.

Les chemins, les rigoles principales d'arrosage ou d'égouttement, et les ouvrages qui s'y rapportent, constituent les travaux préparatoires à l'irrigation. Ces travaux, dont on vient d'indiquer rapidement les principales dispositions, sont dès à présent complétement terminés sur une étendue de 1,500 hectares. Leur exécution est confiée aux ingénieurs de l'État, mais tout le reste du travail que nous avons à étudier maintenant est à la charge des acquéreurs des terrains. Ils établissent les rigoles secondaires d'irrigation ou d'égouttement, qui desservent les différentes séries d'ados et s'embranchent sur les rigoles principales ouvertes par les ingénieurs; ils défoncent le sol, le disposent en ados, l'amendent et le fument au besoin, font les semis et s'occupent, en un mot, de tous les détails de la culture et de l'exploitation.

Les figures 1, 2, 3, pl. 4, feront comprendre la disposition la plus convenable et la plus généralement adoptée pour l'établissement des ados. Le terrain est ordinairement divisé en compartiments de 67^{m},30 de largeur et d'une longueur variable avec la distance des rigoles principales d'irrigation et d'égouttement. Au milieu de chaque compartiment, et dans le sens de sa longueur, est établie la rigole de distribution *a*, destinée à alimenter les rigoles d'irrigation et de déversement *b*.

La rigole de distribution *a* s'embranche sur l'une des rigoles principales figurées sur les plans (fig. 1, 2, pl. 3). L'échelle de ces plans n'a pas permis d'y représenter les billonnages que nous décrivons maintenant, mais il sera facile de suppléer à cette lacune.

La rigole d'égouttement *c* longe les ados du côté du pignon; elle reçoit les eaux recueillies par les petites rigoles d'égouttement *d* pratiquées à l'intersection des ailes *i*, qui forment les ados.

La rigole *a* communique avec la rigole d'alimentation *e* au moyen d'une buse en bois de $0^m,20$ d'ouverture. Le plafond de la rigole *a* présente une pente de $0^m,002$ par mètre; sa largeur est de $0^m,70$. La crête de cette rigole est établie à $0^m,20$ en contre-haut du plafond, à son origine. Les talus sont inclinés à 3 de base pour 2 de hauteur. Lorsque la pente naturelle du terrain dépasse celle qui est assignée à la rigole de distribution *a*, on rachète la différence de ces deux pentes en partageant la longueur de cette rigole en biez plus ou moins longs, séparés par de petites chutes.

Les ados ont 25 mètres de longueur sur 5 mètres de largeur; ils sont formés de la réunion de deux plans inclinés en sens contraire, présentant une pente de $0^m,20$ répartie sur une largeur de $2^m,50$.

Les rigoles de déversement *b* sont, autant que possible, perpendiculaires à la rigole de distribution *a*. La largeur des rigoles *b*, à leur origine, est de $0^m,25$. Leur plafond, horizontal ou incliné de $0^m,0005$ par mètre, est établi à $0^m,10$ au-dessous de la crête de la rigole *a*; leur profondeur est de $0^m,05$.

Les rigoles d'égouttement *d* sont parallèles aux rigoles de déversement; leurs crêtes sont horizontales et à $0^m,20$ en contre-bas des crêtes des rigoles *b*. La largeur des rigoles d'égouttement est de $0^m,15$ à leur origine et de $0^m,30$ à leur point de rencontre avec la rigole d'évacuation *c*; leur profondeur, dans ce dernier point, est de 0^m,25, et se réduit à 0^m,10 à l'autre extrémité.

Les rigoles d'évacuation *c* ont une pente de 0,003 au moins; leur largeur au plafond est de 0^m,60, et leur profondeur de 0^m,40.

Les chemins de culture *f* ont 4 mètres de largeur et une pente totale en travers de 0^m,25 ; ils sont irrigués par une rigole *b'* de 0^m,30 de largeur et de 0^m,10 de profondeur, communiquant avec la rigole alimentaire par une buse *h* de 0^m,10 d'ouverture.

Les digues *k* ont 1^m,50 de largeur et 0^m,30 de hauteur au-dessus de la partie supérieure du chemin irrigué *f*. Ces contre-forts recevront des plantations d'aulnes, ou d'autres arbres, qui serviront de clôture entre les différentes séries d'ados, et formeront, par leur ensemble, un système d'abris appelés à jouer un rôle des plus importants dans l'amélioration agricole de la Campine.

Les dispositions que nous venons d'indiquer pour l'établissement des ados sont les plus généralement adoptées, elles n'ont cependant rien d'absolu. Ainsi quelques agronomes distingués donnent aux ailes des ados une largeur de 15 à 20 mètres, et portent leur longueur jusqu'à 100 et même 125 mètres. Mais l'élément le plus variable dans les travaux de cette nature est l'inclinaison des surfaces arrosées. On ne dépasse presque jamais la pente de 0^m,08 par mètre adoptée dans le dessin dont nous avons donné la description, mais quelquefois on la réduit beaucoup; nous avons vu des ados dont les ailes ne présentaient qu'une pente en travers de $0^m,02$ à $0^m,03$ par mètre.

La pente la plus convenable à donner aux surfaces à irriguer n'est certainement pas arbitraire, mais les lois qui la déterminent ne sont pas encore connues. L'inclinaison du terrain doit varier évidemment avec la nature du sol, son degré de perméabilité et de ténacité; elle dépend aussi de l'espèce des végétaux que l'on cultive, de la nature des eaux disponibles, etc. Le choix de l'inclinaison qui donnera, dans des circonstances déterminées, les résultats les plus satisfaisants, est donc un problème fort complexe, comme le sont du reste tous les problèmes agricoles, si importants à résoudre, et cependant si légèrement étudiés jusqu'à présent. Des expériences comparatives faites avec suite et intelligence par certains acquéreurs des bruyères de Neerpelt et d'Overpelt pourront, du reste, résoudre dans quelques années la question que nous venons de poser, et qui doit avoir une très grande influence sur la réussite des cultures arrosées en général.

L'exécution des systèmes d'ados et de rigoles, dont nous venons de parler, paraît au premier abord une opération fort difficile, et semble devoir exiger une dépense énorme de main-d'œuvre; mais, grâce à l'habitude qu'ils acquièrent en peu de temps, les ouvriers exécutent avec une rapidité et une perfection remarquables les ados et les différentes rigoles qui les accompagnent. Quelques mots suffiront pour indiquer la marche à suivre dans l'exécution de ces travaux.

La première opération à faire, pour disposer un terrain à l'irrigation, consiste à fixer aux ouvriers, en plan et en hauteur, la position des points principaux des rigoles ; ils les exécutent ensuite en dessinant leur profil au moyen de plaques de gazon de bruyères ayant 0m,15 de côté sur 0m,04 d'épaisseur. Ce premier travail exécuté, on procède au défoncement qui doit être poussé à 0m,60 de profondeur au moins, et on donne en même temps au terrain le relief exigé. On laisse habituellement à la surface du sol défoncé la couche de terre qui s'y trouvait primitivement. Dans quelques localités où la nature du sous-sol le rend propre à la culture, on le ramène à la surface du champ. Ces défoncements s'exécutent presque toujours à la bêche (on sait qu'il est facile avec cet instrument de ramener le sous-sol à la surface ou de le laisser dans sa position naturelle). Quelques cultivateurs, guidés par un sentiment d'économie mal entendue, ont exécuté des défoncements moins profonds que nous ne l'avons indiqué; les résultats obtenus ne paraissent pas satisfaisants. On doit plutôt chercher à augmenter qu'à diminuer la profondeur à laquelle on remue les terres qui doivent être irriguées.

On avait exprimé la crainte de voir les terres

épuisées par les eaux d'irrigation, et la fertilité développée dès l'origine des cultures de prairies décroître rapidement. Une expérience, faite par M. Kümmer lui-même, a complétement démontré, comme une saine théorie permettait de le prévoir, le peu de fondement de ces craintes exagérées. M. Kümmer est en effet parvenu à créer une prairie sans le secours d'aucun engrais ou amendement, par l'action seule des eaux d'rrigation; les produits de cette prairie, bien loin d'aller en décroissant, augmentent au contraire chaque année d'une manière rapide, puisqu'ils furent vendus 425 francs seulement la première année, et 880 francs l'année suivante. M. le bourgmestre d'Overpelt, antérieurement aux travaux de la Campine, est aussi parvenu à former en quatre ans, avec les eaux d'un ruisseau qui se perd dans le Dommel, et sans employer aucun amendement, une des plus belles prairies du pays.

Les deux faits que nous venons de citer établissent la possibilité de créer des prairies productives sans engrais d'aucune espèce; mais il convient, comme le font les propriétaires de Campine, de recourir à l'emploi toujours lucratif des matières fertilisantes, qui accélèrent singulièrement la formation du gazon.

Les amendements et les engrais employés en Campine, pour la création des nouvelles prairies, sont assez nombreux. Chaque propriétaire utilise les ressources dont il peut disposer. Les expériences faites jusqu'à ce jour sont loin, faute de temps, d'être toutes concluantes. Cependant l'efficacité de certains mélanges est bien constatée et les faits acquis sont déjà fort nombreux. Nous devons entrer dans quelques détails sur ce point important de la question des défrichements. Nous ne saurions, du reste, mieux faire à cet égard que de reproduire ici les notes que nous devons à l'obligeance de M. Kellhoff. Elles feront connaître non-seulement les essais les plus remarquables tentés en Campine au sujet des engrais et amendements, mais encore l'état détaillé de toutes les entreprises d'irrigation au 11 octobre 1849, les dépenses des principales opérations et les résultats les plus importants de l'exploitation.

Nous classerons les documents suivants commune par commune.

1° *Hamont*. Un lot de 158 hectares, dans la commune de Hamont, a été adjugé à M. Thyry, de Gand. Les terrassements préparatoires à l'irrigation, y compris un défoncement de 0^{m},60 de profondeur, ont coûté 185 francs par hectare. La rigole principale qui alimente cette irrigation a 1^{m},60 au plafond; elle portera des barques chargées de 2000 kilogrammes.

2° *Neerpelt*. 80 hectares de terrains préparés à l'irrigation, dans la commune de Neerpelt, vis-à-vis le pont n° 6, ont été vendus en divers lots, le 17 août 1848. A la fin d'octobre de l'année suivante, tous les terrassements étaient achevés, et 35 hectares de prairies étaient déja créés. Le défoncement n'a été poussé qu'à une profondeur de $0^m,20$ à $0^m,30$; on regrette aujourd'hui de ne l'avoir pas poussé plus profondément. Certains acquéreurs n'ont pas pu irriguer d'une manière convenable, ils ont employé du fumier et semé du trèfle rouge. On complétera le gazonnement en semant des balayures de grenier à foin, et on fumera de nouveau.

Les expériences les plus remarquables ont été faites dans cette commune, par M. Kellhoff lui-même, acquéreur de 8 hectares de terrain. Les terrassements et le défoncement de ce lot de bruyères, poussé à $0^m,60$ de profondeur, ont été complétement exécutés du mois d'août au mois de novembre. Sur la plus grande partie de sa propriété, M. Kellhoff a fait répandre par hectare, et mélanger à la herse, un compost formé de 50 mètres cubes de gazon de bruyères et de 20 hectolitres de chaux ; les proportions devraient être un peu différentes comme on le verra plus loin. On a ensuite semé par hectare un mélange formé des graines suivantes :

Ray-grass d'Angleterre.	19 kil.
Thimothy.	5
Vulpin des prés.	5
Cretelle des prés.	4
Brome des prés.	5
Flouve odorante.	3
Lupuline.	3
	44

La dépense totale pour les parties de terrain traitées comme on vient de l'indiquer, s'élève à 394 fr. 82 c. par hectare, répartie de la manière suivante :

	fr.	c.
Terrassements pour la formation des ados. . .	160	00
Toilette des terrassements.	18	00
Emploi et façon de 50me de compost. . . .	65	00
Plantations servant d'abris.	17	00
Buses en bois.	18	00
Achat de graines.	72	37
Frais d'ensemencement.	11	55
Planches de roulage et brouettes.	5	40
Journées d'ouvriers pour maintenir l'eau dans les rigoles pendant les sécheresses. . . .	27	50
Total.	394	82

M. Kellhoff a essayé, d'autre part, l'emploi du guano, du fumier d'étable et du noir animal. Le premier de ces engrais n'a pas donné de résultats satisfaisants, ce que l'on doit peut-être attribuer aux matières étrangères que la fraude mélange si souvent à cette substance. Le fumier d'étable, employé à la dose de 25,000 kil. par hectare et coûtant 235 fr. 75 c., a parfaitement réussi. Enfin le noir animal, répandu à raison de 2,800 kil. par hectare, et revenant à 229 fr. 60 c., a donné des résultats analogues à ceux du fumier d'étable lui-même.

Quel que soit l'engrais employé, l'addition d'une certaine quantité de chaux est toujours avantageuse.

L'époque la plus favorable pour les ensemencements paraît être le mois de mai.

3° *Overpelt et Neerpelt.* Il existe, entre les ponts n°s 8 et 9, une zone irriguée de 200 hectares de prairies magnifiques situées à la limite des communes de Neerpelt et d'Overpelt.

Un lot de 30 hectares, mis en culture par MM. Clermont et compagnie, entrepreneurs du canal latéral à la Meuse, de Liége à Maëstricht, n'a reçu, pour tout amendement, que 50 à 60 mètres cubes par hectare de terre végétale répandue en 1847, avant l'ensemencement, et provenant des déblais effectués pour l'ouverture du canal latéral à la Meuse. Le foin de cette prairie avait jusqu'à 1^{m},50 de hauteur; on en a recueilli, en 1848, 8 à 9,000 kilogrammes par hectare. Les foins de ces 30 hectares de prairies, vendus aux enchères publiques, ont produit 3,169 fr. 50 c. en 1848, et 5,140 fr. en 1849.

4° *Moll.* La superficie des terrains préparés à l'irrigation dans la commune de Moll est de 225 hectares. Les terrassements pour l'établissement des ados et le défoncement du sol sont effectués ; ils ont coûté 230 fr. par hectare.

5° *Arendonck.* Une compagnie d'Anvers a acheté, dans la commune d'Arendonck, 209 hectares de terrains irrigables. Tous les travaux de terrassement ont été terminés du mois d'avril au mois d'août suivant.

Ils ont employé 47,981 journées d'ouvriers. Les plantations forment un système d'abris contre les vents du nord et du nord-ouest.

Des essais comparatifs sur les effets d'un assez grand nombre d'engrais, employés en proportions variables, ont été tentés sur une surface totale de 42 hect. 12 ares, divisée en 13 parcelles. Le tableau suivant indique, en regard de l'étendue de chaque parcelle, la composition de l'engrais qui lui a été appliqué par hectare, et enfin le prix de revient de cette fumure.

Numéros d'ordre.	SURFACES des parcelles.			COMPOSITION DE L'ENGRAIS par hectare.			DÉPENSE par hectare.		OBSERVATIONS.
				Boue de ville.	Noir animal.	Cendres de Hollande.			
	h.	a.	c.	mèt. cub.	kilog.	kilog.	fr.	c.	[1] Compost formé de parties égales de boue de ville et de terre du Ruppel. [2] Compost précédent avec un 20me de chaux. [3] 15 mètres du compost[1] mélangés de 7 mèt. cubes de boue de ville et de 13 mètres cubes de terre du Ruppel. [4] 15 mèt. cub. du compost [1], et 20 mèt. cub. de terre du Ruppel. [5] Sans engrais.
1	7	»	75	50	500	500	306	60	
2	»	78	75	40	1000	250	289	95	
3	3	81	25	40	500	250	250	87	
4	1	75	»	25	500	»	172	12	
5	»	45	»	60	»	»	315	»	
6	3	65	»	50	»	»	265	50	
7	7	22	50	40	»	»	240	»	
8	13	43	75	50 [1]	400	400	266	53	
9	1	20	»	50 [2]	500	250	280	87	
10	»	80	»	35 [3]	500	250	202	69	
11	1	75	»	35 [4]	400	400	190	26	
12	»	30	»	»	2000	2000	176	40	
13	»	25	» [5]	»	»	»	»	»	

Il n'était pas encore possible, à l'époque à laquelle remontent nos renseignements, d'apprécier d'une manière rigoureusement exacte la valeur relative de ces différents engrais; ils ont presque tous donné de bons résultats; cependant il paraîtrait convenable d'introduire de la chaux dans ces différents mélanges. On a semé par hectare 46 kilog. d'un mélange de graines de trèfle rouge, de ray-grass anglais, de lupuline, etc.

La société d'irrigation a cru devoir adopter l'engrais n° 7 du tableau précédent. Elle a fait établir pour le transport des engrais un petit chemin de fer de 1,500 mètres de longueur, qui a coûté 6,059 fr. 18 c. d'établissement, non compris six wagons en tôle, de 1 mètre cube chacun, à 300 fr. la pièce. Le transport du mètre cube d'engrais, à 1,000 mètres de distance, n'a coûté que 0 fr. 25 c. à l'aide de ces moyens.

Les dépenses faites par la compagnie, non compris l'achat des terrains, se sont élevées à 526 fr. par hectare, ainsi réparties :

	fr.	c.
Terrassements pour la formation des ados, y compris la toilette des ouvrages.	200	00
Second défoncement avant l'ensemencement. .	20	00
Plantations pour abris. Cette opération n'est pas encore faite, mais on peut l'estimer très approximativement à.	17	00
Établissement des communications entre les rigoles secondaires et les rigoles principales d'alimentation, et construction de petites chutes dans l'étendue des rigoles secondaires. . .	3	00
Fumure n° 7.	210	00
Achat de semence.	45	00
Ensemencement.	6	00
Matériel (non compris le chemin de fer). . .	5	00
Frais de surveillance.	20	00
Total.	526	00

Le prix d'ensemencement est ici beaucoup moins élevé que dans une de nos évaluations précédentes, parce qu'on a cru devoir employer la herse, au lieu du rateau, pour recouvrir les graines répandues sur le sol.

Tous les travaux agricoles dont nous venons de parler ont eu lieu sur des terrains préparés à l'irrigation par les soins du gouvernement, c'est-à-dire sur lesquels les rigoles principales d'irrigation et de dessèchement ainsi que les chemins d'exploitation avaient été tracés et exécutés par les ingénieurs de l'État. Quelques autres opérations importantes ont été entreprises par différents propriétaires qui ont exécuté eux-mêmes les travaux préparatoires des irrigations, pour utiliser les concessions d'eau qu'ils ont obtenues. Nous ne citerons parmi les entreprises de cette nature que celle de M. le baron de Coppens, célèbre agriculteur belge. Soixante-onze hectares d'une ferme appartenant à ce propriétaire, située sur la rive droite du canal de la Campine, entre les écluses n°s 6 et 7, sont disposés en ados. Le sol a été défoncé à une profondeur de 0^{m},80 à 1^{m},00. Les ados ont 30 à 40 mètres de largeur; l'inclinaison des ailes n'est que de 0^{m},02 à 0^{m},04 par mètre.

M. de Coppens, contrairement à ce qui a eu lieu dans les autres opérations dont nous avons rendu compte, ne débute pas en créant des prairies : il cultive la première et la troisième année des pommes de terre; la seconde année il sème du seigle et des navets, la quatrième année de l'avoine et du trèfle, et ce n'est que la cinquième année qu'il forme le gazon de la prairie, en semant du trèfle et des graminées.

Nous devons encore signaler ici un moyen assez souvent employé en Campine pour la formation du premier gazon des bruyères irriguées, et qui consiste tout simplement à appliquer à la surface des marchites des plaques de gazons enlevées sur le bord des chemins ou dans des prairies naturelles. Les gazons ont $0^m,10$ à $0^m,20$ de côté; ils sont disposés par lignes parallèles espacées de $0^m,40$ entre elles, ou bien séparés les uns des autres, par une distance double de leur largeur en tous sens. Ce procédé a été employé en grand sur une surface de 83 hectares par la compagnie Clermont de Maëstricht, après avoir répandu sur le terrain une couche de $0^m,007$ de terres extraites des fouilles du canal latéral à la Meuse, sur laquelle on plaçait les gazons extraits des mêmes localités. Ces terres et ces gazons étaient transportés par bateaux à douze ou treize lieues de distance, et ensuite à 500 mètres de distance moyenne du canal, avec des brouettes ou des tombereaux. Les prairies établies, comme on vient de le dire, ont coûté, tous frais compris, 1,650 fr. l'hectare.

Aussitôt après l'application des gazons on irrigue

par déversement pour accélérer le développement du chevelu des racines. En moins d'un an le gazon est complétement formé. La transplantation des gazons, dans des circonstances favorables, revient à 45 fr. par hectare. — M. Kümmer ne conseille pas l'emploi de cette méthode.

Quand on a recours à l'ensemencement, on irrigue d'abord par infiltration, et on n'emploie l'irrigation par déversement qu'après que le gazon est bien formé, c'est-à-dire vers le mois d'octobre, si on a semé au commencement de juin.

L'étude attentive des faits que nous venons de signaler rapidement a permis aux ingénieurs de la Campine de tracer la marche la plus convenable à suivre pour la création des prairies, et d'établir d'une manière générale les éléments des dépenses de cette nature. Les résultats de l'expérience acquise par les travaux exécutés jusqu'à présent se trouvent en quelque sorte formulés dans les devis d'adjudication des travaux à faire pour l'établissement des colonies agricoles dont nous avons déjà parlé.

Nous ne reproduirons pas les prescriptions relatives à l'exécution et aux formes des ados, qui ne diffèrent en rien de ceux que nous avons décrits plus haut. Quant au compost destiné à l'amendement du sol, on devra le former, aux termes du devis, de couches superposées de gazon de bruyères et de chaux. Les gazons auront $0^m,10$ d'épaisseur et la couche de chaux $0^m,02$ seulement. Les tas ainsi formés seront remués à la bêche tous les huit jours, et arrosés au besoin. On emploiera, par hectare, 20 mètres cubes de ce mélange bien consommé.

Les aulnes pour abris seront plantés à l'âge de 3 ou 4 ans, à $0^m,50$ de distance les uns des autres, sur deux lignes éloignées de $0^m,60$.

Pour compléter les renseignements déjà donnés sur les prix des différents travaux, nous reproduirons ici quelques sous-détails des devis d'exécution des ouvrages des colonies agricoles :

		fr.	c.
Journée d'ouvrier terrassier, en moyenne de 1 fr. à		1	15
Fouille et jet à la pelle, régalage compris, le mètre cube.		0	15
Fouille, chargement et transport à un demi-relai,	id.	0	23
Bois de sapin équarri à vives arêtes.	id.	65	00
Bois de chêne, id.	id.	130	00
Maçonnerie de briques et mortier ordinaire.	id.	16	00
Id. id. id. de trass.	id.	25	00
Id. de pierres de taille.	id.	140	00
Portes.	le mètre carré.	4	00
Fenêtres.	id.	8	00
Torchis.	id.	1	00
Couverture en tuile mise en place.	id.	1	50
Plafonnage.	id.	0	70
Badigeonnage.	id.	0	10
Carrelage.	id.	1	50
Gros fers.	le kil.	0	80
Ferrures.	id.	1	00
Aulnes pour plantations.	le cent.	1	00
Un pont tournant de 4 mètres.		800	00

	fr. c.
Un pont de 1 mètre, semblable à celui décrit ci-dessus.	391 80
Une buse en bois de chêne de 28 mètres de longueur et de 0^m,50 d'ouverture.	447 00
Une buse en bois de chêne de 1^m,20 et de 0^m,30 d'ouverture.	14 00
Un bâtiment de ferme de colonie est estimé à. . .	2207 86

Enfin le sous-détail de la formation d'un hectare de prairie irriguée, dans la Campine, peut, en moyenne, s'établir de la manière suivante :

		fr. c.
Achat d'un hectare de bruyère, environ. .	130 00	285 04
Travaux préparatoires à l'irrigation (chemins, rigoles principales, etc.) moyenne des travaux exécutés jusqu'à présent par le gouvernement belge.	129 04	
Frais d'acquisition, enregistrement, etc. .	26 00	
Défoncement du sol à 0^m,60 de profondeur. . . .		120 00
Terrassements pour l'exécution des ados et de leurs rigoles.		80 00
Entretien des ados et des rigoles pendant la première année.		25 00
Enlèvement des gazons de bruyères pour le compost.		6 00
2 mètres cubes de chaux.		32 00
Mélange et emploi du compost.		12 00
Buses en bois.		18 00
Plantations de 1800 aulnes.		18 00
Engrais.		150 00
Ensemencement et hersage au rateau.		75 00
Ensemencement supplémentaire.		10 00
Faux frais divers.		18 96
Total. . . .		850 00

Le prix total de 850 fr., réduit à 564 fr. 96 c. par la déduction du prix d'achat du terrain préparé à l'irrigation, ne diffère de celui donné par l'expérience, et dont on a lu le détail page 74, que par l'addition d'une assez forte dépense de fumier et d'une somme réservée pour dépenses ou difficultés imprévues. Nous devons ajouter que le prix du défoncement porté ci-dessus et obtenu par M. Kelhoff, grâce à son habile direction et à son active surveillance, paraît un peu faible à plusieurs entrepreneurs de défrichements qui nous ont assuré qu'ils dépensaient davantage pour cette opération. Ce prix, du reste, n'aurait rien d'extraordinaire en France. Nous avons vu, dans deux départements différents, exécuter à meilleur compte encore le défoncement de terrains tout à fait analogues à ceux de la Campine.

L'entretien des terrassements des ados, estimé 25 fr. pendant la première année, où les ouvrages encore nouveaux exigent une surveillance plus active et des réparations plus fréquentes, ne s'élève qu'à 10 fr. par hectare, environ, dans les années suivantes.

Nous compléterons ce que nous avons dit dans notre première partie sur l'établissement des colonies agricoles en présentant le tableau détaillé de l'estimation des dépenses que ces établissements exigeront, dépenses dont nous n'avons jusqu'à présent fait connaître que le total. Ces renseignements ne se rapportent peut-être pas d'une manière tout à fait directe au sujet que nous avons traité, et n'ont pas encore reçu la sanction de l'expérience; il nous paraît cependant utile de faire connaître la manière dont les habiles ingénieurs de la Campine comprennent l'organisation des colonies. Leur expérience des travaux agricoles donne une grande autorité à leurs prévisions, qui peuvent, dès aujourd'hui, servir de point de comparaison pour l'établissement de calculs analogues.

On a supposé qu'il s'agissait de la formation d'un village de 30 fermes, contenant chacune une famille composée de 4 à 5 personnes. Les dépenses sont réparties sur trois années; le chiffre total auquel on arrive fait une large part aux éventualités les plus défavorables. Tout porte à croire, en effet, que les colons se suffiront presque toujours dès la troisième année. Quelques propriétaires, M. de Coppens entre autres, ont même reconnu qu'ils pouvaient exiger de leurs fermiers une rente de 60 fr. par hectare, pour des terres défrichées depuis trois ans et placées dans des circonstances peu différentes de celles dont il s'agit. Quoi qu'il en soit, voici le tableau des dépenses prévues, pendant les trois premières années de l'établissement d'une ferme de colonie agricole en Campine :

PREMIÈRE ANNÉE. — 1850.

	fr.	c.
Achat de 133$^{hect.}$,20 de bruyères à 130 fr. l'hectare, prix convenu avec les communes, pour l'établissement d'une colonie de 30 fermes, soit en moyenne 4$^{hect.}$,44 par ferme, dont 4 hect. en culture. . .	577	20
L'établissement du canal de navigation de la colonie, des chemins et rigoles principales, etc., coûtera 11,686^{f} 74^{c}, soit par ferme.	389	56
Construction d'une ferme.	2207	86
Construction de six fournils, 640 fr. 68 c., soit par ferme.	21	35
Achat d'une vache.	125	00
Formation d'un hectare de prairie artificielle (voir le détail page 82).	821	04
Subsides pour la première année.	100	00
Subsistances pendant le dernier trimestre de l'année.	93	75
	4335	76

DEUXIÈME ANNÉE. — 1851.

Achat d'une vache.	125	00
Achèvement de la prairie.	28	96
Amendements : 15 hect. de poudrette, 45 fr.; 5 mètr. cubes de chaux, 70 fr.; 5 mètres cubes de cendres de Hollande, 65 fr.; 150 kil. de tourteaux, 30 fr.; ensemble.	210	00
Semailles : 6 hectolit. de pommes de terre, 30 fr.; 1^{h},50 de seigle, 22 fr. 50 c.; 1 hectolit. d'avoine, 8 fr.; 0^{h},50 de sarrasin, 10 fr.; spergules et navets, 4 fr. 50 c.; ensemble.	75	00
Instruments aratoires.	200	00
Subsistances pendant la seconde année.	365	00
	1003	96

TROISIÈME ANNÉE. — 1852.

	fr.	c.
Entretien des bâtiments.	30	00
Achat de deux vaches.	250	00
Amendements.	125	00
Subsistances pendant la troisième année.	365	00
	770	00

La dépense pour l'établissement de la colonie de 30 fermes s'élèvera donc à 130,072 fr. 80 c. la première année; à 30,118 fr. 80 c. la seconde année, et enfin à 23,100 fr. la troisième année. De sorte qu'avec une dépense totale de 183,291 fr. 60 c. on aura mis en culture 120 hectares de bruyères, créé 30 hectares de prairies irriguées et assuré l'existence aisée de 30 familles de 4 à 5 personnes chacune.

Nous nous sommes borné, jusqu'à présent, à faire connaître la marche suivie pour la création des prairies. Mais la culture des graminées n'est pas le but final d'une exploitation agricole. Ces plantes ne sont qu'un moyen de production; elles forment en grande partie les éléments que les animaux sont appelés à recueillir et à transformer en matières grasses et azotées ou en fumier, pour les mettre enfin à la disposition de l'homme, d'une manière directe, à l'état de viande ou de graisses, et, d'une manière indirecte, sous la forme de végétaux alimentaires. Il nous resterait, par conséquent, à donner quelques détails sur l'agriculture et les assolements de la Campine, et à préciser l'influence que la formation de vastes prairies exercera sans aucun doute sur les pratiques actuelles. Mais l'étendue de ce sujet ne nous permet pas même d'essayer de le résumer ici, et nous oblige à laisser complétement de côté cette partie intéressante de la question.

TROISIÈME PARTIE.

État actuel de la Sologne. — Nécessité sentie depuis longtemps d'étudier cette contrée. — Améliorations à réaliser. — Assainissement, irrigations, marnage, canal de Sologne. — Application aux travaux de la Sologne, et d'autres parties de la France, de moyens analogues à ceux adoptés en Belgique.

L'amélioration de la Sologne soulève les questions les plus délicates et les plus importantes. Elle intéresse à la fois l'hygiène publique, l'agriculture, l'industrie manufacturière, la science administrative et donne à l'ingénieur l'occasion d'appliquer en même temps les ressources les plus variées de l'art qu'il exerce.

Nous avions l'intention de présenter ici l'ensemble des nombreux documents que nous avons été à même de recueillir sur cette question, soit pendant notre séjour à Orléans, comme ingénieur des ponts et chaussées attaché au service d'amélioration de la Sologne, soit depuis l'époque où nous avons été appelé à Paris. L'étendue de ce travail à la fois historique et administratif, agricole et technique, ne nous permet pas de le publier maintenant. Il formera un ouvrage spécial, ou l'un des chapitres les plus importants d'une étude générale sur les travaux publics agricoles de la France. Nous nous bornerons donc, quant à présent, à faire comprendre l'esprit des opérations à exécuter pour l'amélioration de la Sologne et à montrer l'analogie de quelques-unes d'entre elles avec les travaux de la Campine. Il nous suffira, pour atteindre ce but, de reproduire en partie, en y ajoutant quelques explications, les notes que nous avons présentées au conseil général du département du Loiret, dans le courant du mois de novembre 1848. Malgré la rédaction précipitée de ces notes, nous reproduirons textuellement, en les indiquant par des guillemets, les passages principaux que nous en extrairons. On retrouvera dans ce travail, déjà ancien, le plan général du système de travaux dont les études détaillées se poursuivent depuis cette époque.

« La Sologne est la partie de l'ancien Orléanais comprise entre le val de la Loire et une ligne brisée partant de Châtillon-sur-Loire passant par Concressault, Henrichemont, Vierzon, suivant ensuite le cours du Cher jusqu'à Montrichard et se dirigeant enfin par Pont-le-Voy et Blois. »

La surface de cette contrée, qui occupe une partie des départements du Cher, de Loir-et-Cher et du Loiret, est au moins de 500 mille hectares, c'est-à-dire égale au centième environ de la surface de la France entière.

« L'état déplorable dans lequel nous voyons aujourd'hui l'agriculture, le commerce et l'industrie de la Sologne ne paraît pas avoir toujours existé. Le témoignage d'anciens auteurs et les restes de travaux d'assainissement, que l'on rencontre encore aujourd'hui dans quelques communes, démontrent, au contraire, qu'une population nombreuse et une agriculture florissante existaient autrefois dans ces lieux où nous n'apercevons aujourd'hui que quelques rares et chétives habitations égarées au milieu de marais, de bruyères et de terres incultes. Les guerres de religion paraissent avoir été la cause principale des malheurs dont nous déplorons aujourd'hui les conséquences. La révocation de l'édit de Nantes, — en venant frapper de nouveau les protestants si nombreux dans ces contrées, et en les obligeant à fuir au loin, ou à se réfugier auprès de ceux de leurs frères qu'une résistance héroïque avait laissés maîtres du Sancerrois, — mit le comble à une misère dont ce malheureux pays ne s'est pas encore relevé. »

« La pauvreté de la Sologne et son insalubrité se manifestent sous tous les rapports : l'aspect général du pays, l'apparence de faiblesse et de souffrance des hommes et des animaux, la rareté des cultures avancées viennent frapper à chaque instant l'observateur le moins attentif et inspirer les plus sérieuses réflexions à celui qui remarque, à côté d'une lande inculte, une magnifique récolte, fruit de quelques soins et de l'emploi de la marne[1]. »

Tous les renseignements statistiques attestent de la manière la plus affligeante l'état de misère que l'on vient de signaler. La population de la Sologne est à peine le quart de celle qui existe, à égalité de surface, dans les autres parties de la France. Les habitants, continuellement atteints de fièvres, d'obstructions et d'autres maladies que produit habituellement le voisinage des marais, parviennent rarement à un âge avancé. La durée de la vie moyenne est notablement diminuée par ces causes permanentes de souffrance. Enfin les conseils de révision refusent en Sologne, comme dans les grandes villes les plus insalubres, près de la moitié des jeunes gens appelés sous les drapeaux; 22 p. 0/0 sont refusés pour défaut de taille et 25 p. 0/0 en raison de leurs infirmités.

[1] On emploie en Sologne, pour les bons marnages, 30 mètres cubes environ de marne par hectare; elle coûte, dans certaines localités, jusqu'à 6 et même 10 fr. le mètre cube, et, cependant, les propriétaires aisés trouvent un grand bénéfice à faire ces dépenses considérables. Un bon marnage fait sentir son action pendant vingt ou trente ans; et, dans des circonstances favorables, les frais sont remboursés après la seconde récolte.

D'après des expériences authentiques faites sur une grande échelle, et publiées par MM. Bourdon, de Beauchesne et autres grands cultivateurs de Sologne, le revenu net de l'hectare étant de 6 fr. environ avant le marnage, s'élève, après cette opération, à 32 ou 33 fr. — Les sommes employées de cette manière sont toujours placées à plus de 10 pour cent.

« Les causes qui produisent sur les hommes les désastreux effets que nous venons d'indiquer étendent aussi sur les animaux leur dangereuse influence. Ainsi le poids du bœuf de Sologne atteint à peine la moitié de celui du bœuf de la Beauce ou du Limousin, et encore ne fournit-il que 46 p. 0/0 de son poids brut en viande dépecée, tandis que l'on obtient jusqu'à 58 p. 0/0 avec les animaux de même espèce élevés dans d'autres pays. Les veaux et les porcs sont également d'une faiblesse remarquable. La race ovine est de très petite taille et sujette à une foule d'affections qui ravagent périodiquement les troupeaux. Nous la croyons cependant bien appropriée à la nature du sol et nous pensons qu'il serait imprudent d'essayer de lui substituer une espèce différente, qui ne s'acclimaterait probablement qu'avec de très grandes difficultés. »

Les chiffres fournis par le cadastre expliquent, en partie, les faits précédents. Les bruyères, les landes et les terres incultes recouvrent le quart de la Sologne. Les étangs, au nombre de plus de douze cents, occupent une étendue de 17,000 hectares, c'est-à-dire le trentième environ de la surface totale de la contrée.

« Les efforts isolés des propriétaires ne sauraient faire disparaître les causes d'insalubrité et de misère dont nous venons d'indiquer les effets. Les travaux nécessaires à l'amélioration de la Sologne, les études préliminaires qu'ils exigent ne peuvent être convenablement dirigés qu'autant que des vues d'ensemble présideront à l'exécution des travaux et à la rédaction des projets. C'est donc à l'administration qu'il appartient de prendre l'initiative de cette grande entreprise, et d'assigner à chacun la part de concours qu'il doit y apporter. »

Il est inutile de rappeler les différents projets présentés anciennement pour l'amélioration de la Sologne, et les efforts infructueux tentés sous la restauration pour atteindre le même but. Il suffira d'entrer dans quelques détails relatifs aux faits postérieurs à la révolution de 1830.

« Les idées d'organisation agricole auxquelles on fut sur le point d'avoir recours en 1832, comme le meilleur moyen de venir en aide aux difficultés du moment et de soulager les misères affreuses qui accablaient alors une partie de la population, ramenèrent un instant l'attention sur la Sologne. M. d'Argout, alors ministre du commerce et des travaux publics, présenta au roi un rapport très remarquable sur la création des *colonies agricoles intérieures*, dont on trouve en Belgique de nombreux et si beaux exemples. Une commission centrale fut chargée de s'occuper de cette question et de soumettre au gouvernement ses vues à cet égard. M. Saulnier, alors préfet du département du Loiret, considérant que la Sologne semblait devoir se prêter mieux que toute autre partie de la France à l'exécution des vues du gouvernement, prit, le 22 novembre 1832, un arrêté qui instituait une commission chargée de formuler, au sujet des colonies agricoles à établir en Sologne, des propositions qui seraient ultérieurement transmises à la commission centrale nommée par le roi. La commission du Loiret se livra à une étude attentive de la question et formula quelques propositions. Mais son travail, rendu sans doute inutile par l'inaction de la commission centrale, ne donna lieu à aucun commencement d'exécution. »

« La question si importante de l'amélioration de la Sologne fut donc de nouveau complétement abandonnée par l'autorité jusqu'en 1846, époque à laquelle ce sujet fut, dans le sein du conseil général, l'objet de nouvelles et fructueuses discussions, à la suite desquelles il fut décidé qu'une somme de 3,000 fr. serait consacrée à l'étude des cours d'eau du département du Loiret, en commençant par ceux de la Sologne, et en les considérant sous le triple rapport de la salubrité publique, de l'irrigation et de la force motrice. M. le préfet de Villeneuve fut en outre autorisé à charger de cette étude tel homme de l'art qu'il jugerait convenable de désigner, dans le cas où MM. les ingénieurs du département ne pourraient point s'en charger. »

« Dans la session extraordinaire de 1846, M. le préfet présenta au conseil général un rapport étendu dans lequel il annonçait que MM. les ingénieurs du service ordinaire consentiraient volontiers à se charger de ce travail, mais qu'il paraissait nécessaire à M. l'ingénieur en chef du département de préciser, d'une manière plus complète qu'il ne l'était par la délibération du 22 septembre précédent, le but proposé et la marche à suivre pour y arriver. M. de Villeneuve terminait son rapport en exposant que le département du Loiret renferme cent trente et un cours d'eau non navigables ni flottables, présentant ensemble un développement total de 139,749 kilomètres, c'est-à-dire de près de trois cent cinquante lieues, qui arrosent une surface totale de 15,238 hectares de prairies et mettent en mouvement quatre cent treize usines. Il faisait remarquer enfin l'importance et les difficultés d'une étude assez vaste pour embrasser tous ces cours d'eau, leur curage, leur rectification et leur réglementation, et reconnaissait l'impossibilité de terminer en une seule campagne et sans de nouveaux crédits cet ensemble de travaux. »

L'année 1847 et le printemps de 1848 s'écoulèrent sans que les ingénieurs du service ordinaire se soient occupés de commencer les études dont le conseil général du département du Loiret les avait chargés. Mais enfin le service spécial d'études pour l'amélioration de la Sologne fut créé, par décision ministérielle du 17 août 1848, grâce aux démarches actives et aux efforts persévérants de M. le préfet Péreira, qui s'occupait de cette question, dont il comprenait si bien l'importance, avec son zèle et son talent habituels.

La nature spéciale des études à faire en Sologne rendait assez difficile l'organisation du nouveau service. La marche que nous avons suivie paraît applicable à la plupart des opérations analogues; il ne sera donc pas inutile de la rappeler en quelques mots.

« Il ne suffisait pas en effet, comme cela a lieu en général pour les autres espèces de projets de travaux publics, d'étudier la zone plus ou moins étroite de terrain sur laquelle doivent s'exécuter les travaux, il fallait, dans le cas actuel, couvrir toute la contrée d'un réseau complet de nivellements et de projets, ne laissant échapper aucun marécage, aucun pli de terrain sans l'améliorer ou l'utiliser : ce n'étaient plus, en un mot, des projets de LIGNES que les ingénieurs avaient à préparer, c'étaient de véritables projets de SURFACES, des projets agricoles. C'est en effet à ce point de vue que l'on s'est placé et pour en bien faire comprendre l'esprit, nous esquisserons rapidement la configuration topographique et la nature du sol de la Sologne. Ce que nous dirons de la partie de cette contrée comprise dans le département du Loiret, dont nous avons particulièrement à nous occuper, s'applique d'ailleurs à peu près complétement aux autres parties situées dans les départements du Cher et de Loir-et-Cher. »

« Trois cours d'eau principaux, la Sauldre, le Beuvron et le Cosson, arrosent la Sologne qu'ils traversent de l'est à l'ouest en formant trois vallées principales, à peu près parallèles et séparées par des faîtes qui forment, en quelque sorte, les axes principaux auxquels on doit rapporter toutes les autres modifications du sol pour s'en rendre avec facilité un compte exact. »

« Le Beuvron et le Cosson traversent le département du Loiret dans une grande partie de leur cours. La première de ces rivières prend sa source dans la commune de Coullons et traverse, sur une longueur de 12,000 mètres, les communes de Cerdon et d'Ides en mettant en mouvement deux moulins à farine. La seconde, dans un cours de 48,000 mètres, traverse les communes de Vannes, où elle prend sa source, de Sennely, de Menestreau, de Marcilly-en-Villette, de la Ferté, de Jouy-le-Pothier et de Ligny-le-Ribaud; elle alimente sept moulins. Plusieurs autres cours d'eau se jettent directement dans la Loire, comme le Nord-Yèvre, le Bédable, etc.; et un grand nombre de ruisseaux, comme le Puy-Dardé, la Canne, etc., forment les affluents des rivières le Beuvron et le Cosson. »

« Tous ces cours d'eau sont alimentés par un grand nombre de petits ruisseaux, qui prennent leur source dans les étangs ou dans les nombreux marécages qui recouvrent, comme nous l'avons déjà dit, 1/40 environ de la surface de la Sologne. Ils ont en général une pente assez faible, mais qui serait cependant suffisante pour assurer le parfait écoulement des eaux, si leurs lits étaient curés, faucardés et redressés, si, en un mot, la négligence des riverains ne laissait pas s'accumuler d'année en année dans le lit du cours d'eau les vases, les sables et les herbes que le courant amène et qui forment de place en place de véritables barrages. »

« Le sol de la Sologne se compose d'une couche de terre végétale, d'une épaisseur et d'une nature variables, reposant sur un banc de glaise d'une puissance extrêmement considérable qui s'oppose complétement à l'absorption des eaux pluviales. Il résulte de là que dans toutes les parties du territoire où le sous-sol glaiseux ne présente pas une pente convenable pour l'écoulement des eaux, il se forme de véritables marécages aussi nuisibles à la salubrité qu'au développement de la production agricole. Dans les parties, au contraire, où le sous-sol glaiseux présente une certaine pente, les eaux s'écoulent avec une grande rapidité et laissent la couche de terre végétale, trop mince et trop légère pour conserver longtemps l'humidité, dans un état de sécheresse absolue tout à fait incompatible avec une végétation satisfaisante. »

« Nous venons d'indiquer les causes qui produisent en Sologne les marécages, sources de l'insalubrité du pays, et la sécheresse extrême qui désole quelques parties du territoire. Ajoutons que la terre végétale ne contient pas assez des matières calcaires nécessaires à la végétation, et nous aurons fait connaître toutes les causes physiques de la pauvreté et de l'abandon où nous voyons cette contrée. »

« Toutes les améliorations à faire en Sologne se réduisent donc aux trois suivantes :

« Assainir les parties marécageuses ;

« Donner de l'eau aux parties arides et à toutes celles qui seront susceptibles d'être transformées en prairies ;

« Enfin créer des voies économiques de transport, qui permettent de porter partout et à bas prix les matières calcaires nécessaires à la végétation et qui ne se trouvent pas dans le sol, c'est-à-dire les marnes de bonne qualité. »

« Ces trois opérations si différentes dans leur but sont cependant intimement liées entre elles, de telle sorte que chacune d'elle prête aux deux autres un puissant secours, ainsi que nous le montrerons un peu plus loin. »

« Toutes les opérations qui nous occupent ont pour base fondamentale une série de nivellements exacts se vérifiant les uns les autres. L'un des renseignements les plus utiles à obtenir, aussi bien pour les projets et les travaux à exécuter dès à présent que pour tous ceux qui prendront place par la suite dans le cadre que nous traçons, était un nivellement général de la Sologne, exécuté non plus arbitrairement et par points éloignés comme celui de la nouvelle carte du dépôt de la guerre, mais bien en suivant une méthode rationnelle et en déterminant un très grand nombre de points extrêmement rapprochés. C'est le but que nous nous sommes proposé en faisant lever de grands profils en travers, rapportés à un même plan de niveau et dirigés du sud au nord, c'est-à-dire perpendiculairement à la direction générale des vallées principales dont nous avons parlé. — Chacun de ces profils rencontre successivement les lignes de faîte et de thalweg qui sillonnent la surface du sol, et permet, en le rapprochant de celui qui le suit et de celui qui le précède, de déterminer la pente des cours d'eau entre les points où ils rencontrent les profils considérés, d'évaluer avec une exactitude assez grande les parties irrigables par l'exécution de tel ou tel ouvrage, etc. Ces nivellements fourniront enfin de nombreux points de repère qui rendront extrêmement faciles et certaines les opérations ultérieures de nivellement. Ces profils généraux, tracés quant à présent [1] à 2 ou 3 kilomètres de distance les uns des autres, sont déjà levés et rap-

[1] Novembre 1848.

portés sur une longueur de plus de 200 kilomètres. »

« Après avoir expliqué l'utilité de l'étude générale dont nous venons de parler, examinons maintenant la direction donnée aux études particulières pour atteindre le triple résultat que nous avons indiqué comme le but de tous les efforts relatifs à l'amélioration de la Sologne. »

« L'assainissement proprement dit des parties marécageuses situées sur les plateaux exige un ensemble de disposition que nous allons expliquer. Les eaux réunies sur chaque parcelle de terrain par les sillons même du labour [1], doivent se rendre dans les fossés de clôture des héritages, qui doivent à leur tour communiquer les uns avec les autres, par des rigoles générales tracées dans le fond des plis naturels du terrain, pour conduire les eaux surabondantes dans les ruisseaux qui se jettent dans les rivières elles-mêmes. »

« Les projets relatifs à ce genre de travail sont excessivement simples; ils se composeront seulement d'un plan parcellaire sur lequel seront tracés les fossés et rigoles à ouvrir, d'un profil en long de ces rigoles, d'un devis indicatif de leur section et de leurs principales dispositions, et enfin d'une estimation de la dépense à faire. »

« Les marais dont nous avons déjà parlé, formés par les étangs en partie comblés et desséchés et par les

[1] Ou par des canaux de drainage.

eaux que l'imperméabilité de la couche de glaise inférieure retient à la surface du sol, ne sont pas les seuls qui existent en Sologne et qui contribuent à l'insalubrité de cette contrée. Le fond des vallées des rivières et des ruisseaux de premier et de second ordre est ordinairement assez plat, et forme presque toujours un véritable marais, au milieu duquel on ne retrouve souvent qu'avec peine le lit du cours d'eau tant il est encombré de vase, de sable et de plantes aquatiques. Des terrains, qui formeraient de riches et magnifiques prairies, se trouvent ainsi transformés en véritables marécages où ne croissent que des mousses, des joncs et des prêles. »

« L'assainissement du fond des vallées est facile à obtenir. Il suffit, en effet, de curer à vif le lit des cours d'eau et de rectifier les coudes et détours brusques qui allongent quelquefois de moitié le parcours des eaux, et réduisent dans la même proportion la pente déjà trop faible de la plupart des ruisseaux de la Sologne. De petites rigoles perpendiculaires au cours d'eau, exécutées par chaque propriétaire sur son terrain, compléteront le système d'opérations qui nous occupe en ce moment. »

On ne peut pas évaluer à moins de 8 ou 10,000 hectares, pour la Sologne du Loiret seulement, la surface des terrains marécageux et presque sans valeur qui pourraient être transformés en prairies par l'exécution des travaux de curage des cours d'eau et d'assainissement du fond des vallées. Nous n'essaierons pas d'évaluer en argent le bénéfice qui résulterait de cette transformation ; nous nous bornerons, pour faire comprendre l'importance de ce résultat, à comparer l'étendue actuelle des prairies de la Sologne du Loiret à ce qu'elle deviendrait après la mise en culture des terrains qui nous occupent. Cette comparaison, basée sur des données officielles, mérite de fixer l'attention.

Les prairies ou herbages du département du Loiret, sur la rive gauche de la Loire, présentent une surface totale de 11,633 hectares 38 centiares, répartie de la manière suivante :

	hect.	cent.
Canton de Cléry	1,473	01
Canton de La Ferté . . .	4,801	72
Canton de Jargeau	1,192	11
Canton de Beaugency . . .	563	64
Canton de Gien	1,060	65
Canton de Sully.	2,542	25
Total	11,633	38

En déduisant de ce chiffre total les prairies situées dans le Val, on voit que la création de 10 mille hectares de nouvelles prairies doublerait la production de fourrages de la Sologne du Loiret, et augmenterait, par conséquent, dans le même rapport, le nombre des bestiaux et la quantité de fumier dont l'insuffisance est si vivement sentie par tous les agriculteurs.

« Nous venons d'indiquer rapidement en quoi consistent les travaux d'assainissement proprement dits, mais hâtons-nous de dire qu'ils ne forment qu'une partie de la tâche à remplir et que leur exécution exclusive ne produirait sur les plateaux que des résultats tout à fait insignifiants, nuisibles même dans quelques circonstances. Ces travaux doivent marcher de front avec ceux relatifs aux irrigations et former en quelque sorte la base et le principe de ces derniers, dont il nous reste à parler. »

« Les anciens étangs de la Sologne, presque partout aujourd'hui en partie comblés et desséchés, forment de véritables marais, vastes foyers d'infection pour le pays. Beaucoup de personnes, frappées de ces inconvénients, ont pensé qu'il faut supprimer tous les étangs, les dessécher complétement et les transformer en champs cultivés. Nous sommes loin d'admettre cette conclusion, et nous pensons, au contraire, que si quelques étangs évidemment trop peu profonds et mal situés doivent être supprimés, beaucoup d'autres doivent être conservés et sont appelés à rendre d'importants services. Mais ils doivent, pour cela, recevoir de profondes modifications et perdre le caractère de marais qu'ils ont aujourd'hui pour se transformer en véritables *réservoirs*. Il faut, dans ce but, que leur digue s'élève, que leur fond se creuse profondément et que les terres qui en seront extraites, rejetées sur les bords, forment une enceinte propre à retenir les eaux et à les conserver en grande quantité. »

« Les réservoirs ainsi établis conserveront et aménageront l'eau qui leur sera amenée par les fossés et rigoles établis, comme nous l'avons dit, sur les fonds supérieurs, pour la répandre ensuite avec mesure, à l'aide de rigoles d'irrigation, sur les terrains inférieurs transformés en prairies. »

« L'eau de pluie qui tombe chaque année, recueillie et aménagée à l'aide du système de rigoles et de réservoirs que nous venons d'indiquer, permettrait déjà de créer de vastes surfaces de cultures arrosées, mais ce n'est point la seule ressource locale dont nous puissions disposer, et nous ne devons en négliger aucune. Les eaux des rivières et des ruisseaux doivent être également soigneusement utilisées. »

« Les cours d'eau de la Sologne peuvent se partager, au point de vue des irrigations, en deux classes différentes. Les uns fournissent toute l'année un volume d'eau assez considérable, les autres n'ont quelque importance que pendant l'hiver. L'emploi des eaux des premiers est excessivement simple : il suffit de faire de distance en distance des prises d'eau, à l'aide de rigoles presque horizontales et circulant à flanc de coteau, pour porter l'eau, par des saignées inclinées, sur tout l'espace compris entre la rigole et le fond du ruisseau lui-même. Des travaux de cette nature ont été déjà exécutés sur une assez grande échelle, et décrits avec soin, par un grand propriétaire de Sologne, M. Briolet, maire de Menestreau et membre du conseil général. »

« Les ruisseaux qui n'ont un débit important que pendant l'hiver exigent, pour être utilisés, des travaux un peu plus compliqués. Il faut, pour conserver leurs eaux afin de pouvoir les employer pendant l'été, choisir les points où leurs vallées présentent le moins de largeur et le plus de profondeur, et y établir des barrages constituant de véritables réservoirs dont on emploiera les eaux à l'aide de rigoles d'irrigation à très faibles pentes tracées à flanc de coteau, comme celles dont nous parlions tout à l'heure, pour pouvoir verser l'eau sur tous les terrains inférieurs [1]. »

La création de réservoirs destinés à aménager les eaux pluviales, ou celles des ruisseaux à débit variable,

[1] Les irrigations *bien faites* sont encore très rares en Sologne, et il est impossible de déduire des expériences connues jusqu'à présent une évaluation exacte de la plus-value réalisable par l'irrigation d'un terrain donné. Ainsi, les prés arrosés à la Motte donnent 4,500 kil. de foin par hectare, ceux de la Bertinerie fournissent 8,000 kil., et enfin M. Briolet a obtenu, de quatre hectares de prés irrigués par une dérivation du Cosson, au moins 150 quintaux de foin et un regain très abondant. Nous avons la conviction qu'il serait facile d'obtenir en Sologne des récoltes comparables à celles des prairies irriguées de la Campine, et nous croyons que l'on reste beaucoup au-dessous de la vérité, en estimant à 200 fr. par hectare, en moyenne, l'augmentation de valeur due à l'irrigation d'une prairie située en Sologne.

n'est point une idée théorique. L'expérience, déjà faite dans beaucoup de départements, a démontré les avantages de cette classe de constructions. Parmi tous les exemples que nous pourrions citer, nous nous bornerons à mentionner le réservoir de Caromb, l'un des plus remarquables de France ; il contient 400,000 mètres cubes d'eau et sert à l'arrosage de presque toute une commune.

M. Machart, ingénieur en chef du service d'amélioration de la Sologne, dans son rapport de 1849 au conseil général du département du Loiret, a fait de la question des réservoirs une étude toute particulière. Il a parfaitement établi l'importance des résultats qu'ils pourraient procurer en Sologne, en démontrant que leur application, aussi générale que possible, pourrait assurer aux irrigations une ressource de 20 mètres cubes d'eau par seconde.

« L'exécution des travaux dont on vient de parler produirait déjà par elle-même d'immenses résultats, mais pour les compléter, pour rendre facile et économique le transport des marnes, pour donner à nos réservoirs et à nos rigoles toute leur importance, en leur assurant un volume d'eau toujours en rapport avec des demandes et des besoins augmentant sans cesse, comme les progrès de l'agriculture, une dernière série d'ouvrages du plus grand intérêt est encore nécessaire. Nous voulons parler d'un grand canal de navigation et d'irrigation qui prendrait les eaux dans la Loire, à la hauteur de l'écluse de Mimbray, sur le canal latéral, et porterait, par ses nombreuses ramifications, la fertilité et la vie dans toute la Sologne. »

« Les éléments principaux de l'avant-projet de cette grande entreprise, c'est-à-dire le profil en long et le plan de la ligne d'opération ont été recueillis en même temps que l'on s'occupait des autres parties des études[1].

« .... Nous allons indiquer la direction générale de ce canal. Partant de l'écluse de Mimbray, en amont de Châtillon-sur-Loire, il suivrait le coteau parallèlement au canal latéral jusqu'à Châtillon, continuerait ensuite à se développer sur ce coteau en s'écartant de plus en plus de la Loire, traverserait les communes de Saint-Martin-sur-Ocre, Saint-Brisson, etc., et viendrait couper la route départementale n° 12, à quatre ou cinq kilomètres de Sully. »

« ..... Le canal, arrivé à Sennely, se partagerait en deux branches, dont l'une se dirigerait vers le sud pour entrer dans le département du Cher, et dont l'autre continuerait à se diriger vers l'ouest pour arroser la basse Sologne, en se partageant en plusieurs branches de moindre importance. »

« Le canal principal et ses embranchements de premier ordre seraient reliés aux réservoirs et aux rigoles

[1] L'avant projet est maintenant terminé.

d'irrigation, à l'aide de larges rigoles qui formeraient elles-mêmes, en quelque sorte, de très petites artères de navigation qui pourraient porter des marnes sur toutes les parties du territoire. »

» Sans vouloir entrer ici dans l'examen détaillé de la dépense d'exécution du canal dont nous venons de parler, nous dirons seulement qu'en évaluant la dépense de ce canal aussi haut que celle des canaux les plus coûteux, on arrive facilement à démontrer que le transport seul des marnes assurerait le payement des intérêts, à un taux raisonnable, des capitaux engagés. »

Les études du canal dont on vient d'esquisser le tracé ont été commencées sous la direction de M. Darcy, alors ingénieur en chef du canal du Berry, qui avait admirablement apprécié, pendant son court séjour à Bourges, l'esprit véritable des travaux de grande canalisation à entreprendre en Sologne.

« On voit, en résumé, que l'ensemble des travaux différents que nous venons d'indiquer, et dont les études se poursuivent en ce moment, forme un réseau complet qui répond à tous les besoins, qui assure la satisfaction de tous les intérêts de la Sologne. »

« Nous venons d'indiquer la nature des travaux projetés pour l'amélioration de la Sologne. Il nous reste à examiner rapidement les ressources dont on peut disposer pour leur exécution, les moyens le plus convenables à employer, et la part de sacrifices et d'efforts qui revient à chacun dans cette grande entreprise. »

« Le système de canaux principaux de dérivation, de réservoirs et de rigoles d'assainissement ou d'irrigation dont nous venons de tracer le tableau, est tout à fait comparable, sous le point de vue des différents ordres d'intérêts qui s'y rattachent, à un ensemble de voies de communication comprenant depuis les routes nationales d'un intérêt général, jusqu'aux plus petits chemins particuliers d'accession. C'est donc à la fois à l'État, aux départements, aux communes et aux simples particuliers de concourir à leur exécution. »

« Le grand canal doit être, par son importance et l'étendue de son parcours, exécuté par l'État; les embranchements qui viendraient plus tard s'y rattacher et qui n'auraient qu'un intérêt secondaire, seraient à la charge du département, comme les routes départementales qui se soudent aux routes nationales. Les rigoles d'assainissement ou d'irrigation principales seraient en partie à la charge des communes, comme les chemins vicinaux, et enfin les réservoirs et les rigoles secondaires seraient exécutés par les soins des propriétaires intéressés, isolés ou réunis en syndicats. Ce sont surtout les travaux de cette dernière catégorie qui doivent fixer notre attention; nous allons en dire quelques mots. »

« Les travaux d'assainissement proprement dits

sont, comme nous l'avons expliqué, de deux espèces différentes. Les uns comprennent les dessèchements des marais situés sur les plateaux, les autres concernent les parties noyées du fond des vallées que traversent les cours d'eau. La législation actuelle donne à messieurs les préfets les moyens de faire exécuter les travaux de cette dernière espèce. La loi du 12-20 août 1790, chap. 6, charge en effet les administrateurs des départements de veiller au curage et au bon entretien des ruisseaux et rivières non navigables ni flottables, et d'assurer le libre écoulement des eaux. La loi du 14 floréal, an XI, fournit d'ailleurs le moyen d'assurer le payement des dépenses reconnues nécessaires pour cet objet, en prescrivant que les rôles de répartition, dressés par les soins du préfet, seront rendus exécutoires par lui, et recouvrés comme en matières de contributions directes. »

« Les travaux d'assainissement des plateaux, et l'exécution des réservoirs et rigoles dont nous avons parlé précédemment, pourraient peut-être s'assimiler aux ouvrages de dessèchement de marais proprement dits, et rentrer, pour leur exécution, sous l'application de la loi du 16 septembre 1807, qui oblige les propriétaires à y concourir dans la proportion de leur intérêt. Cette assimilation présenterait cependant de nombreuses difficultés, et soulèverait sans doute des résistances énergiques. »

La législation française présente, sous le rapport qui nous occupe, une véritable lacune qu'il importe de combler au plus tôt ; mais en attendant que l'administration possède les moyens de surmonter les obstacles qu'elle peut rencontrer dans l'exécution de certains travaux agricoles, elle peut déjà réaliser de grandes améliorations, en faisant appel aux propriétaires intelligents, en leur démontrant, par des exemples, les avantages des procédés que l'on propose, et en leur donnant enfin le moyen d'agir avec ensemble, par la création de syndicats organisés, pour chaque cours d'eau, ou pour chaque série d'étangs à aménager, conformément aux prescriptions de la circulaire ministérielle du 18 mars 1839 Ces commissions syndicales examinent les projets, surveillent les travaux, arrêtent les décomptes et la répartition des sommes dues par chaque intéressé. Il serait facile, dans beaucoup de cas, de les composer d'hommes assez dévoués et assez influents pour vaincre les résistances individuelles que rencontre inévitablement tout projet d'amélioration nouvelle[1].

Le canal de la Sauldre mérite une mention spéciale

[1] Vingt ordonnances royales, de 1833 à 1846, ont pourvu à l'organisation de syndicats pour l'établissement de travaux d'irrigation plus ou moins considérables, parmi lesquels on peut citer l'achèvement du canal dit du Cabedan neuf, le canal de Formiguières, deux canaux d'irrigation dans les communes de Saint-Pons et de Barcelonnette (Basses-Alpes), etc.

dans le système de canaux de dérivation dont on a précédemment indiqué le but général ; il doit servir à la fois au transport des marnes, à l'irrigation et au limonage, en empruntant les eaux de la Sauldre aux environs d'Argent, ou de Clémont, pour les maintenir le plus longtemps possible sur les plateaux, et les répandre sur les terrains inférieurs.

Le projet de ce canal, dressé en 1847 par une compagnie financière, ne paraît pas avoir été suffisamment étudié par ses auteurs au point de vue de l'alimentation. Le volume extrêmement variable de la Sauldre rend indispensable, en effet, la création de réservoirs, qu'il sera peut-être difficile de rattacher au tracé projeté, et dont l'étude complète devait, dans tous les cas, accompagner celle du canal lui-même.

Les travaux commencés, en 1848, par le gouvernement sont maintenant suspendus ; il serait vivement à désirer que l'on pût les terminer le plus promptement possible. Nous ne voulons pas d'ailleurs insister sur cette affaire, délicate à tant d'égards, et qui attend encore une solution définitive. Revenons donc à la question plus générale qui nous occupe.

Les travaux d'assainissement proprement dit sont beaucoup plus importants en Sologne que dans la Campine ; mais en laissant de coté cette légère différence, on ne peut manquer d'être frappé de l'analogie des travaux de canalisation et d'irrigation projetés pour la première de ces contrées et de ceux exécutés dans la seconde. Le sol et le climat de la Sologne et de la Campine présentent d'ailleurs de nombreux points de ressemblance ; de sorte que les succès obtenus en Belgique ne permettraient pas de douter des résultats que produiraient en France les opérations que nous avons indiquées, quand bien même l'expérience n'aurait pas encore démontré, dans nos départements du centre, la valeur des irrigations.

Les travaux agricoles dont nous nous occupons sont exécutés en Belgique, comme on l'a déjà dit, au moyen d'un fonds de roulement. L'État, selon nous, ne devrait pas hésiter à procéder, en France, d'une manière analogue : expliquons rapidement notre pensée.

Le gouvernement belge, après avoir exécuté les travaux de grande canalisation, se borne maintenant à établir, avec son fonds de roulement, les travaux préparatoires à l'irrigation, pour revendre les terrains ainsi disposés, en laissant aux particuliers le soin de la mise en culture et de l'exploitation. Les terres irrigables sont aujourd'hui fort recherchées, et les agriculteurs s'empressent de les acquérir. Mais pour arriver à cet état de choses, les ingénieurs de la Campine ont dû, dans l'origine, cultiver, à leurs risques et périls, et sur leurs deniers personnels, quelques-uns des terrains qu'ils avaient préparés à l'irrigation, et démontrer ainsi par des faits les avantages que l'on peut retirer de l'emploi des eaux en agriculture. La position de fortune et les habitudes de la plupart des ingénieurs français ne permettent pas d'espérer que la même marche puisse être suivie dans notre pays. Il serait donc nécessaire que le gouvernement fît en France quelque chose de plus qu'il n'a fait en Belgique; il faudrait que l'administration mît elle-même en culture, de distance en distance, sur le bord des rigoles d'irrigation qu'elle ouvrirait, quelques hectares de terrains pour servir d'exemples aux cultivateurs environnants, et les décider à profiter des eaux mises à leur disposition. Nous pensons, par conséquent, que l'on doit réserver, dans tous les projets d'établissement de rigoles ou de canaux d'irrigation, une somme spéciale ou imputable sur la somme à valoir, pour l'achat et la transformation en prairie d'une certaine étendue de terrains irrigables. Ce serait, à notre avis, le moyen le plus certain et le plus facile de populariser rapidement les travaux de cette nature, en faisant apprécier toute leur importance. Il est bien entendu que les produits des récoltes ou de la revente des terrains mis en valeur par les soins de l'État, aussi bien que le montant des avances faites en travaux préparatoires à l'irrigation, sur la demande de communes ou de particuliers, rentreraient au service même qui aurait dirigé les travaux, pour servir à de nouvelles entreprises ou à de nouveaux essais. Rien ne serait plus facile que l'organisation, dans un service de travaux publics, du système d'opérations que nous venons d'indiquer, et l'expérience mériterait d'autant plus d'être tentée que l'administration pourrait la faire sur la plus petite échelle, sans personnel nouveau et sans exposer en aucune façon les intérêts de l'État.

Nous n'avons jusqu'à présent cité que la Sologne comme exemple d'améliorations agricoles réalisables par un ensemble de travaux publics. Cette contrée présente en effet un véritable intérêt, et se prêterait mieux qu'aucune autre à des essais de toute nature, et à l'exécution progressive d'un réseau général de travaux convenablement entendus ; mais il ne faudrait pas croire que nous la regardions comme la seule partie de la France susceptible de recevoir les bienfaits d'opérations analogues à celles dont nous avons parlé. Nous pourrions passer en revue les améliorations à réaliser dans la Dombe, dans la Camargue, dans les Landes et dans beaucoup d'autres parties de la France, et démontrer facilement qu'elles peuvent être obtenues par l'État, sans de grands sacrifices, à l'aide de travaux publics immédiatement productifs, et dès lors exécutables au moyen de fonds de roulement. Nous regrettons que l'espace ne nous permette pas de publier ce travail; mais notre but sera complétement atteint si nous avons attiré l'attention de quelques personnes sur ces questions importantes, en faisant connaître les résultats obtenus en Campine par le gouvernement belge, et les opérations de même nature que l'on pourrait entreprendre dans la Sologne.

P.-S. Au moment du tirage de cette dernière feuille, nous apprenons que les foins de 30 hectares de prairies de la compagnie Clermont ont été vendus sur pied, le 20 juin, au prix de 250 fr. l'hectare. La prévision énoncée page 39 ne pouvait être plus complétement justifiée.

FIN.

TABLE DES MATIÈRES.

Imprimerie de Gustave Gratiot, 11, rue de la Monnaie.

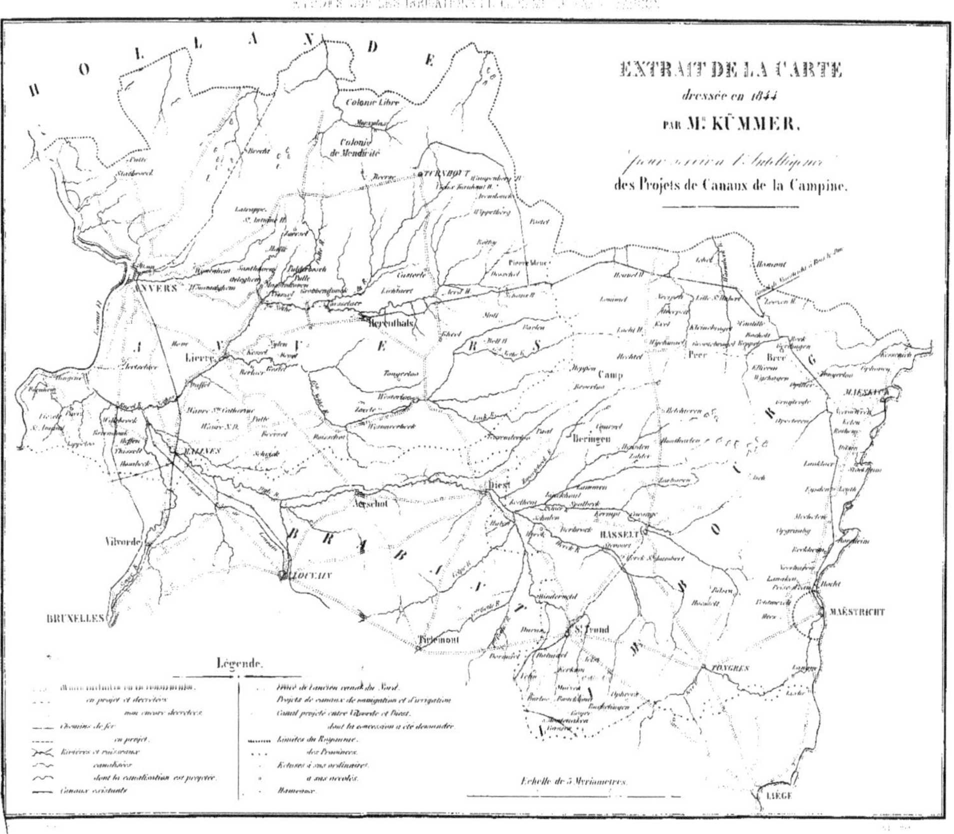
EXTRAIT DE LA CARTE
dressée en 1844
PAR Mr KÜMMER,
des Projets de Canaux de la Campine.
HOLLANDE
ANVERS
Lierre
MALINES
Vilvorde
BRUXELLES
LOUVAIN
Aerschot
Diest
Tirlemont
St Trond
HASSELT
Beringen
Camp
Peer
Bree
Herenthals
TURNHOUT
Colonie Libre
Colonie de Mendicité
MAESEYCK
MAËSTRICHT
TONGRES
LIÉGE
Légende.
Projets de canaux de navigation et d'irrigation
Chemins de fer
en projet.
Rivières et ruisseaux
Canaux existants
Limites du Royaume.
des Provinces.
Hameaux.
Echelle de 5 Myriamètres.

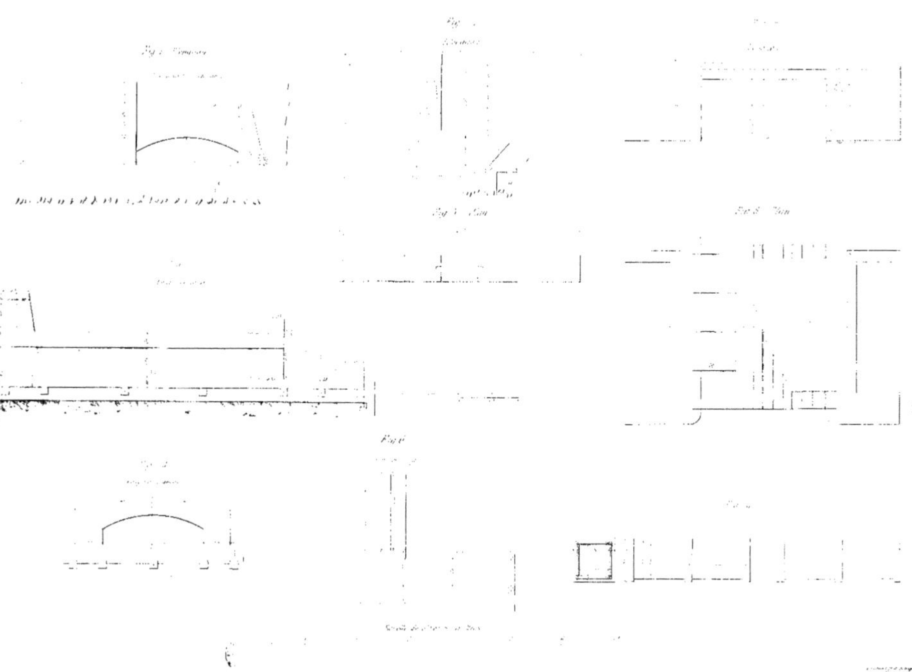

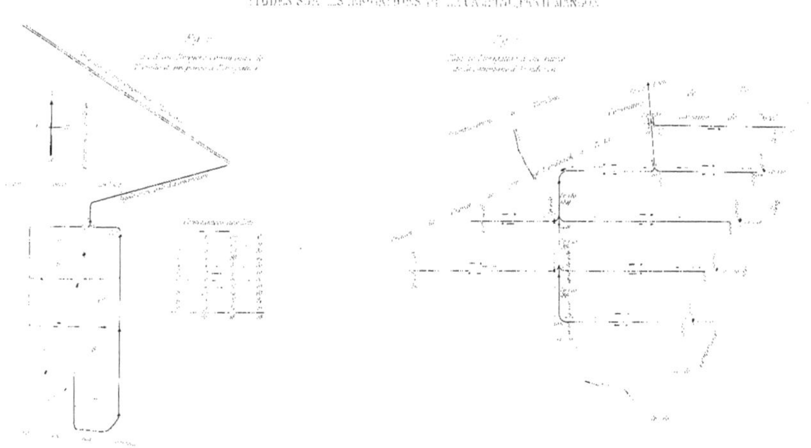

Détails d'un compartiment de Prairie irrigable

Légende

www.ingramcontent.com/pod-product-compliance
Ingram Content Group UK Ltd.
Pitfield, Milton Keynes, MK11 3LW, UK
UKHW021539260726
13993UKWH00002B/557

9 782329 590967